Da Internet ao Grid

FUNDAÇÃO EDITORA DA UNESP

Presidente do Conselho Curador
Marcos Macari

Diretor-Presidente
José Castilho Marques Neto

Editor-Executivo
Jézio Hernani Bomfim Gutierre

Conselho Editorial Acadêmico
Antonio Celso Ferreira
Cláudio Antonio Rabello Coelho
Elizabeth Berwerth Stucchi
Kester Carrara
Maria do Rosário Longo Mortatti
Maria Encarnação Beltrão Sposito
Maria Heloísa Martins Dias
Mario Fernando Bolognesi
Paulo José Brando Santilli
Roberto André Kraenkel

Editores-Assistentes
Anderson Nobara
Denise Katchuian Dognini
Dida Bessana

COORDENAÇÃO DA COLEÇÃO PARADIDÁTICOS

João Luís C. T. Ceccantini
Raquel Lazzari Leite Barbosa
Ernesta Zamboni
Raul Borges Guimarães
Maria Cristina B. Abdalla (Série Novas Tecnologias)

SÉRGIO F. NOVAES
EDUARDO DE M. GREGORES

Da Internet ao Grid
A globalização do processamento

COLEÇÃO PARADIDÁTICOS
SÉRIE NOVAS TECNOLOGIAS

© 2004 Editora UNESP

Direitos de publicação reservados à:
Fundação Editora da UNESP (FEU)
Praça da Sé, 108
01001-900 – São Paulo – SP
Tel.: (0xx11) 3242-7171
Fax: (0xx11) 3242-7172
www.editoraunesp.com.br
feu@editora.unesp.br

CIP – Brasil. Catalogação na fonte
Sindicato Nacional dos Editores de Livros, RJ

N818d

Novaes, Sérgio F.
Da Internet ao Grid: a globalização do processamento / Sérgio F. Novaes, Eduardo de M. Gregores. - São Paulo: Editora UNESP, 2007.
il. - (Paradidáticos. Série Novas tecnologias)

ISBN 978-85-7139-737-8

1. Tecnologia da informação. 2. Redes de computadores. 3. Redes de informação. 4. Sistemas de recuperação da informação. 5. Realidade virtual. 6. Internet - Inovações tecnológicas. 7. Sistemas de computação em grade. I. Gregores, Eduardo de M. II. Título. III. Série.

07-0262.
CDD: 004.36
CDU: 004.72

EDITORA AFILIADA:

Asociación de Editoriales Universitarias de América Latina y el Caribe

Associação Brasileira de Editoras Universitárias

A COLEÇÃO PARADIDÁTICOS UNESP

A Coleção Paradidáticos foi delineada pela Editora UNESP com o objetivo de tornar acessíveis a um amplo público obras sobre *ciência* e *cultura*, produzidas por destacados pesquisadores do meio acadêmico brasileiro.

Os autores da Coleção aceitaram o desafio de tratar de conceitos e questões de grande complexidade presentes no debate científico e cultural de nosso tempo, valendo-se de abordagens rigorosas dos temas focalizados e, ao mesmo tempo, sempre buscando uma linguagem objetiva e despretensiosa.

Na parte final de cada volume, o leitor tem à sua disposição um *Glossário*, um conjunto de *Sugestões de leitura* e algumas *Questões para reflexão e debate*.

O *Glossário* não ambiciona a exaustividade nem pretende substituir o caminho pessoal que todo leitor arguto e criativo percorre, ao dirigir-se a dicionários, enciclopédias, *sites* da internet e tantas outras fontes, no intuito de expandir os sentidos da leitura que se propõe. O tópico, na realidade, procura explicitar com maior detalhe aqueles conceitos, acepções e dados contextuais valorizados pelos próprios autores de cada obra.

As *Sugestões de leitura* apresentam-se como um complemento das notas bibliográficas disseminadas ao longo do texto, correspondendo a um convite, por parte dos autores, para que o leitor aprofunde cada vez mais seus conhecimentos sobre os temas tratados, segundo uma perspectiva seletiva do que há de mais relevante sobre um dado assunto.

As *Questões para reflexão e debate* pretendem provocar intelectualmente o leitor e auxiliá-lo no processo de avaliação da leitura realizada, na sistematização das informações absorvidas e na ampliação de seus horizontes. Isso, tanto para o contexto de leitura individual quanto para as situações de socialização da leitura, como aquelas realizadas no ambiente escolar.

A Coleção pretende, assim, criar condições propícias para a iniciação dos leitores em temas científicos e culturais significativos e para que tenham acesso irrestrito a conhecimentos socialmente relevantes e pertinentes, capazes de motivar as novas gerações para a pesquisa.

SUMÁRIO

INTRODUÇÃO 9

CAPÍTULO 1
Internet: a revolução do final do milênio 12

CAPÍTULO 2
Interligando computadores 32

CAPÍTULO 3
Grid: o desafio de uma infra-estrutura global 54

CAPÍTULO 4
Aplicações da arquitetura Grid:
a Física de Altas Energias 70

CAPÍTULO 5
Outras aplicações 93

CAPÍTULO 6
Epílogo: um desafio para o futuro 107

GLOSSÁRIO 111
SUGESTÕES DE LEITURAS 117
QUESTÕES PARA REFLEXÃO E DEBATE 122

INTRODUÇÃO

O advento da Internet há pouco mais de uma década trouxe consigo uma revolução. Atualmente uma nova revolução se avizinha. Ela é representada pelo desenvolvimento da arquitetura Grid de processamento globalizado.

A Internet abriu novos caminhos em diversos setores da sociedade permitindo o acesso fácil, eficiente e barato a uma enorme variedade de informações distribuídas globalmente. Agora a arquitetura Grid pretende fazer o mesmo com o processamento computacional e não apenas com as fontes de informação. O Grid é um sistema de processamento que utiliza recursos computacionais geograficamente distribuídos.

No futuro, as necessidades de processamento computacional deverão ser acessíveis por intermédio do Grid da mesma forma como acontece hoje, por exemplo, com a energia elétrica (*Power Grid*). Larry Smarr, que dirigiu por 15 anos o National Center for Supercomputing Applications (NCSA) da Universidade de Illinois, considera que os efeitos dos Grids computacionais deverão mudar o mundo tão rapidamente que a humanidade terá de fazer um grande esforço para acompanhar essas mudanças. O acesso ao processamento compu-

SÉRGIO F. NOVAES ■ EDUARDO DE M. GREGORES

tacional confiável, consistente, globalmente distribuído e barato desencadeará uma nova revolução, talvez ainda maior do que aquela advinda da popularização da Internet. Apesar de não pertencermos à comunidade voltada à Tecnologia da Informação, como físicos experimentais de Altas Energias fomos levados ao conceito de Grid por necessidade profissional. Os pesquisadores de nossa área vêm reconhecendo a impossibilidade de dar prosseguimento ao trabalho de pesquisa sem o emprego de uma nova abordagem de processamento e armazenamento de dados. A quantidade de dados que serão obtidos com o acelerador de partículas Large Hadron Collider do CERN, que entrará em operação em 2007, atingirá níveis até recentemente inimagináveis. Na primeira década de operação deverão ser produzidos dados da ordem de 1 exabyte, ou um bilhão de gigabytes. Isso é equivalente a 20% de toda a informação gerada no mundo em 2002, seja ela na forma impressa, magnética ou óptica.

Assim como a Física Experimental de Altas Energias, outras áreas de pesquisa estão tendo de enfrentar o mesmo desafio: lidar com colaborações globais em que pessoas e recursos computacionais encontram-se geograficamente distribuídos e, ao mesmo tempo, tratar uma fantástica avalanche de dados produzidos pelos experimentos. Assim, áreas como Astronomia, Bioinformática, Química Combinatória, Ciências Ambientais e Medicina irão igualmente se beneficiar dessa nova arquitetura computacional, que vem sofrendo um enorme avanço nos últimos anos.

Infelizmente a literatura sobre Grid ainda é bastante escassa. Pioneiro nessa área, o livro *The Grid: Blueprint for a New Computing Infrastructure*[1] chega agora à sua segunda edição. Com *Grid Computing: Making the Global Infras-*

---

1   FOSTER, Ian, KESSELMAN, Carl (Eds. *The Grid. Blueprint for a New Computing Insfrastructure.*). John Wiley, 2003. [O Grid: planta de uma nova infraestrutura computacional]

tructure a Reality,[2] são as duas mais importantes obras de referência.

Nossa motivação para escrever este livro surgiu da necessidade de divulgar os avanços dessa nova área. Esperamos com isso aguçar o interesse, estimular vocações e atrair pessoas que venham a participar dessa revolução. O Brasil não pode se dar ao luxo de, mais uma vez, chegar atrasado à fronteira do conhecimento em um setor de tamanha importância estratégica. É necessário que participemos de perto da evolução desse conceito para que possamos usufruir plenamente dos benefícios científicos, tecnológicos e sociais que ele trará. Esperamos que nossa ousadia de escrever sobre assunto tão amplo, complexo e especializado seja recompensada com o florescer do interesse sobre o assunto entre os jovens, e seus conseqüentes engajamentos nessa aventura.

O livro começa traçando o caminho da evolução da Internet, ancestral do Grid, ressaltando o impacto que ela causou em nossa sociedade. Sua história pode nos permitir antever a revolução que se avizinha com o avanço do Grid. Após um passeio por alguns conceitos ligados às redes computacionais e protocolos de comunicação, apresentamos a arquitetura Grid. Em seguida, buscamos introduzir o leitor em algumas aplicações do Grid, com especial ênfase na Física Experimental de Altas Energias. No final do livro elencamos alguns sites e projetos ligados ao Grid. O glossário deverá ajudar o leitor com os termos mais técnicos.

■

---

2   BERMAN, Fran, GEOFREY, Fox, HEY, Tony (Eds.). Grid Computing: Making the Global Infrastructure a Reality. John Willey, 2003.[Computação em Grid: tornando a infra-estrutura global realidade]

1 Internet: a revolução do final do milênio

Introdução

O ser humano possui uma fantástica capacidade de adaptação às mudanças que ocorrem ao seu redor. Mesmo revoluções que alteram significativamente nosso cotidiano são rapidamente incorporadas à nossa vida. Depois de algum tempo acabamos por esquecer como "eram as coisas antigamente". Esse fenômeno parece ter ocorrido em relação à revolução provocada pela Internet. Temos a tendência de não lembrar como era nosso cotidiano há apenas 10 ou 15 anos. Não conseguimos apreciar os avanços produzidos em diversas áreas com o advento das redes mundiais e do computador como meio de acesso às informações distribuídas por todo o planeta.

Aqueles nascidos durante a última década já cresceram imersos em um mundo que não consegue mais viver sem a Internet. Atividades como "navegar" pela Web, "baixar" uma música, ou manter um "bate-papo" com os amigos fazem parte de seu dia-a-dia. É fácil encontrar hoje crianças com menos de dez anos de idade que se sentem muito mais à vontade para lidar com um computador e seus aplicativos do que seus pais.

DA INTERNET AO GRID

Para aqueles que já esqueceram de como era o mundo antes da Internet e para aqueles que nunca o conheceram, vamos tentar esboçar um pouco o impacto causado por essa revolução. Tal esforço não tem apenas a função de recuperar a história. Ele pode ser muito útil para tentarmos vislumbrar o que poderá acontecer em pouco tempo com a popularização dos benefícios do Grid, o grande computador mundial.

Durante a década de 1980 pudemos testemunhar alguns dos maiores índices inflacionários que este país já teve. Naquela época, com a inflação atingindo 80% ao mês, ir ao banco era uma atividade quase cotidiana. As contas deviam ser pagas sempre no último momento antes do vencimento e o salário deveria ser gasto o mais rápido possível para evitar sua desvalorização. Dinheiro não podia ficar parado na conta corrente sob pena de perdas substanciais.

Assim, era natural que os bancos tivessem filas enormes fazendo que se gastasse facilmente uma hora apenas para pagar uma conta. No entanto, as filas não existiam apenas em função do processo inflacionário pelo qual passava o país. Toda movimentação financeira tinha de ser feita nas agências bancárias. Não havia alternativa.

Hoje, o quadro está mudado não apenas pela automação bancária, que teve grande evolução nesse período, mas principalmente por causa do papel desempenhado pela Internet. Com um computador pessoal, em casa ou no trabalho, podem-se pagar contas, impostos e taxas, fazer aplicações financeiras e transferências de valores, consultar ou fazer *download* do extrato de sua conta, solicitar novo cartão de crédito, obter um empréstimo, recarregar os créditos de seu celular ou contratar o seguro de seu carro. Durante 24 horas por dia temos um banco à nossa disposição, ao alcance de nossas mãos, onde quer que estejamos.

Outro motivo de martírio para o cidadão era o momento de entrega do Imposto de Renda. Nos últimos dias de prazo, filas enormes se formavam nas agências bancárias aptas a receber as declarações de rendimento, às vezes até altas horas da noite. Atualmente a situação mudou radicalmente para aqueles que têm acesso à internet. Após fazer o *download* do software apropriado, a declaração pode ser preenchida, salva e enviada sob forma digital para o banco de dados da Secretaria da Receita Federal. Um comprovante de recebimento é enviado imediatamente, podendo ser impresso e guardado. Além de receber a declaração, a página da Receita permite fazer pagamentos, consultar a legislação tributária e o andamento de processos. A Internet tornou-se a forma preferida de o brasileiro entregar sua declaração. Em 1998, 25% das 10,8 milhões de declarações foram enviadas pela Internet. Cinco anos depois, em 2003, 96% das 18,6 milhões de declarações foram entregues dessa forma.

Quando, no fim da década de 1970, Akio Morita solicitou aos pesquisadores da Sony que desenvolvessem um meio de gravação que fosse capaz de conter toda a Nona Sinfonia de Beethoven, ele não imaginava que o CD viria a ser ultrapassado em breve, por algo ainda desconhecido naquele momento.

Hoje há formas bem mais eficientes de distribuir música. O Moving Picture Experts Group Audio Layer 3 (MP3) é um formato de compressão que reduz significativamente o tamanho de um arquivo de música mantendo, ao mesmo tempo, sua integridade sonora. Gravadas em formato MP3, as músicas podem viajar pela Web, ser armazenadas em discos rígidos e ouvidas em qualquer computador que disponha de placa de som e alto-falante, ou gravadas em seu reprodutor de MP3 predileto ou em um velho CD.

Criado em 1999 por estudantes da Northeastern University, o Napster se tornou um sistema de compartilhamento de arquivos MP3 extremamente popular no começo dos anos 2000. O Napster permitia ao usuário de um computador pessoal que pudesse procurar sua música predileta na Web, transferi-la para seu disco rígido e disponibilizá-la para outros usuários do sistema. No entanto, a controvérsia em torno de direitos autorais fez que, após longa batalha judicial, a atividade do Napster tivesse de ser suspensa. Mas o sonho não acabou. Esse sistema é tão versátil e poderoso que certamente apenas a primeira batalha foi ganha pela indústria fonográfica. A guerra ainda estava por ser vencida.

Outros programas como Gnutella, Grokster e KaZaA não necessitam de uma base de dados centralizada como o Napster, o que torna muito mais difícil que se impeçam de operar. Ao executar esse tipo de programa, o usuário busca se conectar a uma lista dinâmica de computadores que estão ativos no momento. A solicitação de transferência de arquivos é negociada entre os computadores e é feita a partir de várias fontes distintas simultaneamente. Essa forma descentralizada de operação torna esses programas de compartilhamento praticamente invulneráveis.

O acesso aos bens culturais da humanidade foi substancialmente facilitado com o advento da World Wide Web. Barreiras econômicas e geográficas sempre limitaram a possibilidade de a maioria das pessoas ver de perto muitas das obras-primas que moldaram nossa cultura e sociedade. Por exemplo, para boa parte dos brasileiros, visitar um importante museu é algo que jamais poderá se tornar realidade.

Neste exato momento o Museu do Louvre[1] está aberto para uma visita virtual. As salas das antigüidades orientais, egípcias, greco-romanas, das esculturas ou pinturas podem ser vistas em filmes disponíveis *on-line* 24 horas por dia. Mais de dez mil obras dos principais museus do mundo podem ser acessadas *on-line*.[2] O Metropolitan Museum of

---

1 http://www.louvre.fr/
2 http://www.insecula.com

Art,[3] o Museu do Cairo[4] ou do Prado,[5] entre outros, exibem suas coleções na Web.

A Internet tornou possível conhecer o Taj Mahal,[6] ver tubarões nadando no Aquário da Baía de Monterey[7] ou visitar uma caverna pré-histórica no sul da França.[8] Provocou também uma revolução no processo de comercialização de bens e serviços e em nossos hábitos aquisitivos. Comprar um CD, ir à farmácia, procurar um livro se tornaram atividades corriqueiras com o auxílio de um navegador.

Hoje, antes de comprarmos um livro, é possível folheá-lo pela rede. A melhor interpretação de sua sinfonia predileta pode ser apreciada antes de se encomendar o CD. Podemos pesquisar o preço mais conveniente de um produto entre vários fornecedores. De antigüidades a passagens aéreas, de ações a um buquê de flores, de reservas em hotéis a entradas para o cinema, de moedas a motocicletas, quase tudo pode ser encontrado na Web. A conveniência de comprar sem sair de casa acabou transformando para sempre nossos costumes.

São incontáveis as áreas nas quais a Internet teve um grande impacto mudando de forma definitiva nossa forma de atuar no fim do século XX. A relação interpessoal adquiriu outra dimensão com os encontros virtuais. O ensino vem se transformando com a possibilidade de ensino a distância e *e-Learning*. A Internet chega à sala de estar tornando a televisão interativa; chega à cozinha pois não precisamos mais de fios para nos conectar.

História da Internet

A revolução induzida pela disseminação da Internet não tem precedentes. Ela transformou a forma de comunicação entre

---

3 http://www.metmuseum.org
4 http://www.egyptianmuseum.gov.eg/
5 http://museoprado.mcu.es
6 http://www.taj-mahal.net
7 http://www.mbayaq.org/
8 http://www.culture.gouv.fr/culture/arcnat/chauvet/fr/

as pessoas, a maneira de acessar informação, a forma de nos divertirmos, nosso comportamento aquisitivo. O alcance dessas mudanças é tão profundo e recente que ainda não atingimos o distanciamento necessário para fazer uma avaliação isenta dessa revolução.

Como ressaltamos, uma nova revolução se avizinha. Se a disseminação do Grid adquirir o impulso que se espera, as mudanças que ele provocará na sociedade poderão ser tão grandes ou ainda maiores que as produzidas pela Internet.

Na tentativa de antecipar esse novo passo na evolução da tecnologia da informação é interessante tentar verificar que lições podemos tirar do passado. A história da criação e difusão da Internet é extremamente rica e complexa, envolvendo diversos aspectos tecnológicos, administrativos, comerciais e sociológicos.[9]

A história da Internet começa em plena Guerra Fria. Criada em 1958 por Eisenhower, a Agência de Pesquisa de Projetos Avançados (Advanced Research Projects Agency – Arpa) era ligada aos militares americanos e responsável por projetos tecnológicos altamente secretos. Foi encarregada de implementar uma rede de computadores geograficamente distribuídos com objetivo de proteger o fluxo de informação entre as diversas instalações militares dos Estados Unidos, mesmo na eventualidade de um ataque nuclear maciço. Outra versão sobre as razões que levaram à criação da ArpaNet é dada pelo diretor da Arpa na época. Charles Herzfeld afirma que a ArpaNet foi o produto da frustração em relação ao pequeno número de supercomputadores existentes no país enquanto os pesquisadores que deveriam ter acesso a esse recurso encontravam-se geograficamente distantes. Ainda que a potencial aplicação militar da rede tenha sempre estado presente, ela não teria sido sua principal motivação.

---

9 http://www.isoc.org/

A ArpaNet foi pioneira na utilização da transmissão de dados por meio da chamada comutação de pacotes. A tecnologia de comutação de pacotes (*Packet-switching*) havia sido proposta por Leonard Kleinrock em 1962 quando ainda era estudante do Massachusetts Institute of Technology (MIT), em Boston. A idéia representava um enorme avanço em relação ao circuito de comutação utilizado, por exemplo, nas redes telefônicas. Neste caso o caminho conectando uma chamada entre duas pessoas fica completamente dedicado à conversa entre ambas, mesmo durante os momentos em que elas permanecem em completo silêncio. Durante a transmissão de dados, o "silêncio" pode representar até 99,9% do fluxo de dados. Este desperdício podia ser evitado dividindo-se as mensagens em pequenos pacotes que seriam enviados de forma independente pela rede.

Os nós da rede funcionavam como comutadores que compartilhavam a responsabilidade de direcionar os pacotes até seu destino final. Como cada pacote é enviado de forma independente, eles podem ser enviados por rotas distintas até o destino. Assim, havendo mais de uma rota disponível, caso uma delas deixe de operar, outra rota pode ser utilizada. A escolha do trajeto e o controle do fluxo dos pacotes eram administrados pelos protocolos. A ArpaNet utilizava o protocolo Network Control Protocol (NCP) para fazer a comutação dos pacotes permitindo que os computadores se comunicassem entre si.

Em outubro de 1972, foi feita a primeira demonstração pública da recém-criada rede ArpaNet durante a Conferência Internacional de Comunicação por Computador. Foi também nesse ano que um novo aplicativo foi introduzido: o e-mail ou correio eletrônico. Essa nova ferramenta foi criada por Ray Tomlinson, a princípio com a finalidade de auxiliar a coordenar a ArpaNet, deixando mensagens em determinado computador para outro usuário desse mesmo computador. Foi ele quem escolheu o símbolo "@" (*at* em inglês, que significa "em") para estabelecer que um usuário estaria "em" determinado computador. Como sabemos, essa nomenclatura tornou-se universalmente aceita e utilizada nos endereços de e-mail. Logo em seguida, Larry Roberts aprimorou a aplicação permitindo que ela fosse capaz de listar, ler, arquivar, enviar e responder a mensagens. Depois foram criados o Telnet, um serviço de conexão remota que permitia controlar os computadores a distância e o File Transfer Protocol (FTP) que permitia que um conjunto de informação fosse enviado de um computador a outro.

A ArpaNet acabou sendo o ponto de partida de toda a Internet. A idéia era ter um conjunto de redes independentes que pudesse ser suficientemente robusto, sem hierarquia e com interconexões redundantes, para se manter operacional mesmo durante um ataque externo aos Estados Unidos. Essa abordagem requer uma arquitetura de rede aberta em que a tecnologia das redes individuais possa ser livremente escolhida por determinado provedor, funcionando perfeitamente em conjunto com as outras redes existentes. Assim o desenho das redes individuais poderia se adaptar às necessidades particulares de cada ambiente ou usuário. A evolução para uma arquitetura aberta foi acompanhada pelo desenvolvimento do protocolo de comunicação Transmission Control Protocol/Internet Protocol (TCP/IP). Esse novo protocolo criado por Robert Kahn e Vint Cerf em 1973 tinha diversas vantagens sobre o NCP, que até então vinha sendo utilizado. Ele não requeria que fossem feitas mudanças nas redes já existentes para que elas se conectassem com a Internet, e havia um mecanismo para retransmitir os pacotes que não chegassem a seu destino tornando a transmissão de dados muito mais confiável. Com isso houve a necessidade de atribuir endereços específicos para cada *host* (computador conectado à rede). Assim foi criado o endereço de IP com 32 bits, sendo que os oito primeiros designavam a rede e os demais 24 especificavam o *host* nessa rede. É bom lembrar que em meados dos anos 1970 nem se sonhava com a existência de computadores pessoais, estações de trabalho e redes locais, também chamadas Local Area Network (LAN). Acreditava-se que 256 números distintos seriam o suficiente para rotular todas as possíveis redes.

É importante lembrar que um conceito que sempre esteve por trás da Internet é o fato de ela não ter sido projetada com vistas a um aplicativo particular. Pelo contrário, tratava-se de uma infra-estrutura geral e abrangente com base na qual novos aplicativos poderiam ser desenvolvidos. Esse conceito ficou ainda mais evidente com o aparecimento da World Wide Web (WWW) e também permeia os novos desenvolvimentos relacionados ao Grid.

A década de 1980 presenciou o crescimento vertiginoso do número de computadores pessoais. Simultaneamente, o Centro de Pesquisas da Xerox em Palo Alto, Califórnia, Estados Unidos, desenvolvia um sistema que permitisse conectar rapidamente os vários computadores do centro às novas impressoras a laser que acabavam de ser desenvolvidas. Era assim criada a rede Ethernet (de "Ether", meio físico que se acreditava ser necessário para a propagação da luz). O crescimento do número de máquinas, aliado ao desenvolvimento da tecnologia Ethernet, fez que a visão de rede se alterasse significativamente e passasse a contar com redes locais com pequeno número de *hosts*, até redes de larga escala.

Gerenciar esse amplo espectro de redes tornou-se um problema. Para facilitar a memorização dos endereços de IP foi criado o Domain Name System (DNS) como mecanismo de estabelecer nomes de forma hierarquizada aos *hosts*, e associá-los aos endereços de IP. Em 1983 todos os *hosts* haviam-se convertido ao TCP/IP que se tornara o protocolo padrão de comunicação. Esse protocolo e a Internet estão tão intimamente ligados que, anos mais tarde, em 1995 o Federal

Networking Council (FNC) estabeleceria uma resolução que definiria o termo Internet:

"Internet" refere-se ao sistema global de informação que:
(i) está logicamente conectado por meio de um endereçamento único e global, baseado no Protocolo Internet (IP) ou suas subseqüentes extensões/evoluções;
(ii) consegue implementar comunicações usando o TCP/IP ou suas subseqüentes extensões/evoluções e/ou outros protocolos de IP compatíveis; e
(iii) fornece, utiliza ou torna acessíveis, pública ou privadamente, serviços de alto nível nas comunicações e infra-estrutura relacionadas.

Em meados dos anos 1980 a Internet já havia se firmado no meio acadêmico dos países desenvolvidos e começava a se expandir para outras comunidades, ao mesmo tempo que o uso de e-mail ia se tornando cada vez mais difundido. Redes ligadas a comunidades específicas começaram a se proliferar. A Física de Altas Energias tinha a HEPNet, físicos espaciais da Nasa criaram a Span, enquanto a comunidade de Ciências da Computação estabeleceu o CSNET, entre outros. Os computadores de grande porte do meio acadêmico passaram a ser interligados pelo BITNet, enquanto a iniciativa privada desenvolvia redes como o DECNet. Com o uso não militar da Internet aumentando, essa ferramenta deixava de ser suficientemente segura para os propósitos que havia sido concebida. Assim, os militares americanos também passaram a contar com sua própria rede, a MILnet.

O advento das redes locais (LAN) foi também possível graças à Ethernet. Em 1986 uma LAN veio a adquirir especial importância. A National Science Foundation Network (NSFnet) fez a conexão entre os cinco centros de supercomputadores e, posteriormente, se expandiu para as principais universidades americanas. A NSFnet veio a substituir a ArpaNet e se tornou a espinha dorsal da Internet como a conhecemos hoje. Em apenas quatro anos a Internet havia atingido um total de cinqüenta milhões de pessoas. Esse crescimento vertiginoso se acentuou ainda mais nos anos que se seguiram. Conforme a NUA Internet Surveys,[10] o número de usuários conectados à Internet em setembro de 2002 é mostrado na Tabela 1:

África	6.310.000
Ásia/Oceania	187.240.000
Europa	190.910.000
Oriente Médio	5.120.000
Canadá & EUA	182.670.000
América Latina	33.350.000
Total geral	605.600.000

Tabela 1: Número de usuários da Internet em 2002

O Brasil teria 7,8% de sua população, ou aproximadamente 14 milhões de pessoas conectadas à Internet. O Internet Systems Consortium[11] pesquisa o número de *hosts* na Internet fazendo uma busca de DNS. De acordo com seus dados podemos apreciar o crescimento de *hosts* nos últimos dez anos (ver Figura 1).

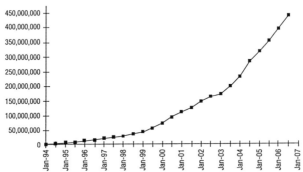

FIGURA 1: CRESCIMENTO DO NÚMERO DE HOSTS NOS ÚLTIMOS DEZ ANOS
FONTE: INTERNET SOFTWARE CONSORTIUM (WWW.ISC.ORG)

---

10 http://www.nua.com/surveys/how_many_online/index.html
11 http://www.isc.org/

WWW

É impossível contar a história da Internet sem reservar um espaço muito especial à criação da World Wide Web (WWW).

No fim da década de 1980, Tim Berners-Lee, físico e consultor na área de software, trabalhava no CERN, o principal laboratório de Física de Altas Energias da Europa situado em Genebra, na Suíça. Uma característica importante da Física de Altas Energias é o fato de ela envolver colaborações internacionais que contam com um grande número de pesquisadores de diversos países. A complexidade desses experimentos é enorme, tanto do ponto de vista do aparato físico (detector) como da eletrônica e software envolvidos. Dessa forma, é essencial que haja um trabalho colaborativo entre físicos, engenheiros e cientistas da computação, treinados em diferentes especialidades e espalhados ao redor do mundo. Daí vem a necessidade de uma ferramenta que possibilite implementar de forma natural e produtiva o trabalho cooperativo.

Com esse objetivo Berners-Lee e Cailliau apresentaram em novembro de 1990 o projeto *World Wide Web: Proposal for a HyperText Project*, em que eram delineadas as principais fases para a criação do WWW. Primeiro, deveriam implementar um navegador para ser utilizado nas estações de trabalho dos pesquisadores, que pudesse satisfazer às necessidades de acesso à informação dos experimentos de Altas Energias. Posteriormente, deveriam estender o alcance dessa ferramenta, permitindo aos usuários disponibilizar novas informações para serem acessadas. Uma forma engenhosa de fazer isso é pelo uso de hipertextos. Nas palavras dos autores desse documento:

> O hipertexto fornece ao usuário uma interface única para o acesso a uma grande variedade de informação armazenada, como relatórios, anotações, bancos de dados, documentação sobre computadores e ajuda *on-line*. Propomos a implementação de um

esquema simples para incorporar vários servidores de armazenamento de informação do CERN, incluindo uma análise das necessidades de acesso à informação dos experimentos.

Pondo em prática sua experiência em sistemas de aquisição de dados em tempo real, Berners-Lee propôs a construção de um banco de dados global de hipertextos no qual todo pacote de dados teria um identificador próprio (Universal Document Identifier – UDI), permitindo que qualquer usuário da rede pudesse obter os dados. Berners-Lee denominou seu projeto World Wide Web, ou em português, "Rede de Alcance (ou Extensão) Global".

A WWW permitiu que a Internet desse um enorme passo à frente. Desde o momento no qual foi concebida, a Internet foi vista basicamente como uma rede internacional de computadores capazes de trocar informação de um endereço a outro. Com a contribuição de Berners-Lee, tornava-se possível gerar um conjunto de informação cujo conteúdo envolvia não só palavras mas também imagens, sons e movimentos. Todo conteúdo era identificado pelo seu UDI, o qual veio posteriormente a ser conhecido por Uniform Resource Locator (URL), e podia ser universalmente acessado por intermédio de links de hipertexto. Com isso, um mundo novo a ser explorado tomava forma.

Em 1991 Berners-Lee disponibilizou para a comunidade de Física de Altas Energias e usuários do computador NeXT o programa "WorlDwidEweb", um editor de hipertexto. São creditadas também a Berners-Lee as criações de diversas ferramentas para auxiliar no desenvolvimento e acesso a esse novo formato de informação. Foi ele o responsável pela criação do protocolo de comunicação da Web, o HyperText Transfer Protocol (HTTP) e pela linguagem na qual as páginas da Web são escritas, o HyperText Markup Language (HTML). Uma das grandes vantagens dessas ferramentas é o fato de elas operarem em qualquer plataforma, podendo ser utilizadas em qualquer tipo de computador.

Nessa mesma época, a Universidade de Minnesota desenvolveu o Gopher, primeiro sistema bem-sucedido de obtenção de documentos pela Internet. Em 1994 era criado por Marc Andreessen, do National Center for Supercomputing Applications (NCSA), o primeiro navegador amigável: o Mosaic. Esse navegador era o primeiro a utilizar o sistema de X-windows e interface gráfica, permitindo o acesso à Web de um número cada vez maior de pessoas não especializadas. Em seguida, Andreessen fundou a Netscape e posteriormente a Microsoft introduziu seu navegador, os quais possibilitaram navegar de forma cada vez mais simplificada e eficiente por toda a Web.

A World Wide Web adquiriu rapidamente uma grande popularidade entre os usuários da Internet. Em 1994 a Web crescia à fantástica taxa de 1% ao dia, ou seja, dobrando a cada dois meses e meio. Essa expansão exigiu a formação de uma organização que coordenasse seu desenvolvimento. Assim foi concebido por Tim Berners-Lee o Consórcio da World Wide Web (W3C). O W3C passou a ter a responsabilidade de padronizar os vários protocolos associados com a Web, permitindo a evolução continuada das estruturas projetadas para apoiar a comunidade de usuários da Internet.

A Internet mudou muito desde quando foi criada no começo dos anos 1980, vindo a se tornar uma das mais importantes revoluções do século XX. Ela implementou mudanças profundas nos padrões sociais e culturais, alterou as práticas comerciais e industriais, revolucionou a maneira como nos comunicamos e gerou importantes avanços acadêmicos. Hoje lê-se jornal pela Internet, encontra-se aquele amigo há muito desaparecido, compra-se passagem e reserva-se hotel para as próximas férias, ouve-se música, compram-se livros, descobre-se quem ganhou o clássico do fim de semana, participa-se de leilões, certifica-se de que fará bom tempo em Mianmar na manhã seguinte, encontram-se novos parceiros amorosos, descobre-se onde comer o melhor *steak au poivre vert* e quem vende o melhor pernil de cordeiro, dá-se apoio ao último manifesto de Chomsky, engaja-se em movimentos pacifistas, encontram-se Romanee Conti 1978 e Chateau Petrus 1982 por menos de R$ 100,00 a garrafa – Exagero! Milagres ainda não estão disponíveis na Web.

A evolução continua. Hoje, compartilhar arquivos, transmitir voz (Voice over IP – VoIP) e imagem tem-se tornado corriqueiro. Navegar pela Web ou ler e-mails pode ser feito hoje pelo telefone celular ou por um palmtop. A associação com a TV está levando a Internet para a sala de estar. A banda larga permite um acesso rápido, eficiente e permanente aos provedores. Conexões sem fio (*wireless*) são cada vez mais comuns. Os chamados *Hot Spots* permitem acesso à Internet em cafés, aeroportos e outros lugares públicos. A "Aldeia Global" de Marshall McLuhan torna-se uma realidade ainda mais presente, e certamente um mundo de novas formas de uso e acesso à Internet ainda estão por vir.

Cronologia

Para fornecer uma visão global da evolução da Internet, apresentamos a seguir uma lista cronológica dos principais eventos que marcaram essa aventura.[12]

1961
Leonard Kleinrock escreve o primeiro artigo sobre comutação de pacotes.

1969
Criação da ArpaNet. Quatro minicomputadores Honeywell DDP-516 localizados na Universidade da Califórnia em Los

---

12 http://www.zakon.org/robert/internet/timeline/

Angeles (UCLA) e Santa Bárbara (UCSB), Stanford Research Institute (SRI) e Universidade de Utah são conectados a 50 Kbps. O primeiro pacote é transmitido pela rede da UCLA para o SRI.

1971
ArpaNet passa a englobar um total de 15 nós e o primeiro programa de e-mail (sndmsg) é desenvolvido por Ray Tomlinson.

1972
O programa de e-mail é aprimorado e o símbolo "@" passa a fazer parte dos endereços de e-mail. Larry Roberts escreve o primeiro programa de gerenciamento de e-mail. Primeiro bate-papo entre dois computadores é exibido na International Conference on Computer Communications (ICCC) de Washington. A Cyclades, contraparte francesa da ArpaNet, começa a ser criada.

1973
A idéia de Ethernet é introduzida por Robert Metcalf, estudante em Harvard.

1974
Telenet, a primeira versão comercial da ArpaNet é criada pela Bolt Beranek and Newman, Inc.

1979
Kevin Mackenzie sugere que se comece a introduzir alguma emoção no e-mail por intermédio de caracteres tais como "-)" para designar ironia. A partir daí diversos outros símbolos surgiram, e.g., ":-)" e ":-(", e se tornaram amplamente utilizados.

1981
O Because It's Time Network (BITNet) começa a operar entre a City University de New York e a Universidade de Yale utilizando o protocolo Network Job Entry (NJE) da IBM para distribuir mensagens de e-mail.

1982
Primeira definição do termo "Internet". A revista *Time* declara 1982 como "O Ano do Computador".

1983
Apple Computers divulga o Lisa, primeiro computador com interface gráfica (Graphical User Interface – GUI). Servidor de Nomes (*Name Server*) é desenvolvido pela Universidade de Wisconsin. Criação da MILNet para fins militares, a qual fica com 68 dos 113 nós existentes na ArpaNet. European Academic and Research Network (EARN) começa a operar na Europa, serviço similar à BITNet.

1984
Domain Name System (DNS) é introduzido para fazer a tradução de nomes de domínios e endereços de IP e controlar envio de mensagens. Japan Unix Network (JUNet) e *Joint Academic Network* (JANet) são implantados no Japão e na Inglaterra, respectivamente.

1985
Symbolics.com torna-se o primeiro domínio a ser registrado. Microsoft Windows começa a ser comercializado. NetNorth passa a conectar todas as universidades canadenses.

1986
NSFNet, com velocidade de 56 Kbps, é criada para ligar as principais universidades americanas (Princeton, Pittsburgh, UCSD, UIUC e Cornell).

1987
E-mail é trocado entre a Alemanha e a China. Número de nós BITNet atinge 1.000.

1988
Canadá, Dinamarca, Finlândia, França, Islândia, Noruega e Suécia são conectados à NSFNet. A Fundação de Amparo à Pesquisa do Estado de São Paulo (Fapesp) estabelece um

link BITNet com o Fermi National Accelerator Laboratory (Fermilab), laboratório de Física de Altas Energias próximo a Chicago, para atender as instituições acadêmicas do Estado de São Paulo.

1989

Alemanha, Austrália, Holanda, Inglaterra, Israel, Itália, Japão, México, Nova Zelândia e Porto Rico são conectados à NSFNet. A Rede Nacional de Pesquisa (RNP) é criada para gerir a infra-estrutura de rede internet no Brasil.

1990

ArpaNet deixa de funcionar. World.std.com torna-se o primeiro provedor comercial de Internet por acesso discado. Argentina, Áustria, Bélgica, Brasil, Chile, Coréia, Espanha, Grécia, Índia, Irlanda e Suíça são conectados à NSFNet.

1991

Tim Berners-Lee implementa a World Wide Web. O primeiro código HTML é divulgado. Primeiro servidor de Web é criado (info.cern.ch). A BITNet conecta mais de 1.400 organizações em 49 países. Primeiro *multicast* de áudio e vídeo é transmitido pela Internet. A conexão internacional brasileira passa a operar a 155 Mbps (STM-1).

1992

Primeiro áudio e vídeo *multicast* utilizando Mbone. É cunhado o termo "surfar a Internet" por Jean Armour Polly.

1993

Mosaic, o primeiro navegador gráfico é criado. Nações Unidas e Casa Branca introduzem seus respectivos sites.

1994

Primeira estação de rádio (RK) começa a transmitir 24 horas por dia pela Internet. Câmara e Senado americanos e governos do Japão, da Inglaterra e da Nova Zelândia criam seus sites. Primeiro banco virtual entra em operação. Trans-European Research and Education Network Association (Terena) é criada para promover o desenvolvimento da conexão acadêmica européia. Começa a exploração comercial da Internet: Pizza Hut aceita pedidos pela Internet e surgem os primeiros serviços bancários. David Filo e Jerry Yang criam a Yahoo!.

1995

Windows 95 vende mais de um milhão de cópias em quatro dias. Java é lançado pela Sun. NSFNet se volta novamente ao setor acadêmico tornando-se a Very High Speed Backbone Network Service (vBNS), que passa a conectar os principais centros de supercomputação americanos. CompuServe e America Online (AOL) começam a fornecer serviços de Internet. CUSee-Me é lançado. Abertura da Internet comercial no Brasil.

1997

O domínio "business.com" é vendido por US$ 150.000,00.

1998

O correio americano permite o download e impressão de selos. CA*net 3 torna-se a primeira rede nacional óptica. Altavista.com é vendida por US$ 3,3 milhões.

1999

Internet alcança 150 milhões de usuários. MCI/Worldcom, fornecedora do vBNS, eleva a velocidade de transmissão de seu backbone para 2,5 GBps. Abilene, a rede de Internet 2 americana atravessa o Atlântico. É tempo de e-Commerce, Online Banking e música em formato MP3. Larry Page e Sergey Brin lançam o Google.

2000

Napster é criada.

2001

SETI@Home é lançado e consegue em quatro semanas angariar mais recurso computacional do que o maior supercomputador em operação. A RNP2 brasileira é conectada à rede

Abilene por uma linha de 45 Mbps. GEANT, projeto de rede Gigabit europeu, conecta 26 redes nacionais de educação e pesquisa.

2002
Rede Global Terabit Research Network (GTRN) é formada conectando a Abilene, CA*net3, e GEANT. Blogs se popularizam.

2003
Conexão banda larga e acesso sem fio (Wi-Fi) tornam-se cada vez mais populares. Padrão 802.11g para comunicação sem fio a 54 Mbps é certificado pelo Institute for Electrical and Electronics Engineers (IEEE).

2 Interligando computadores

A interconexão de recursos computacionais geograficamente distribuídos é um ingrediente fundamental da arquitetura em Grid. Vamos examinar de maneira mais detalhada alguns conceitos básicos relacionados à forma com que os computadores se comunicam entre si formando redes. Veremos o que é um endereço IP, como funciona o protocolo TCP/IP e algumas ferramentas utilizadas na implementação de uma rede computacional.

Redes e protocolos[1]

O primeiro passo a ser dado para tornar possível a comunicação entre computadores é estabelecer uma linguagem comum entre eles. Desse modo, um computador pode saber o que o outro está querendo comunicar, independentemente de seu fabricante ou das particularidades de seu funcionamento interno. A comunicação entre seres humanos é estabelecida de forma semelhante. Por exemplo, quando esten-

---

1 http://www.tldp.org/LDP/nag/

DA INTERNET AO GRID

demos a mão para uma pessoa, ela deve entender esse gesto como um cumprimento e estender a mão de volta, aceitando o cumprimento. Se não houver um acordo prévio sobre o significado desse gesto, ele poderá ser encarado, por exemplo, como sinal de ataque e ser revidado, ou simplesmente não ser entendido, fazendo que a comunicação não se estabeleça. Resumindo, para que uma comunicação se estabeleça é fundamental que exista um protocolo comum que defina uma interface abstrata pela qual as partes envolvidas possam se conectar.

O PROTOCOLO UUCP

Os primeiros protocolos foram criados para possibilitar a simples troca de arquivos entre dois computadores. *O Unix to Unix Copy* (UUCP), criado no fim dos anos 1970, permitia que um arquivo fosse copiado entre dois computadores utilizando o sistema operacional Unix. Nesse protocolo a comunicação entre os computadores era estabelecida por linhas telefônicas, ou seja, cada computador tinha associado a ele um número de telefone. Posteriormente esse protocolo foi também estendido a outros sistemas operacionais.

O UUCP era um protocolo bastante limitado e lento se comparado aos empregados atualmente e sua utilização estava direcionada prioritariamente à troca de e-mails e notícias. Nesse tipo de protocolo, quando o computador A queria obter um arquivo que estivesse no computador B, ele discava o número associado ao computador B, este atendia a ligação e enviava o arquivo desejado. Determinado computador poderia centralizar o armazenamento e a distribuição de notícias de tal forma que todos aqueles que quisessem disponibilizar ou acessar uma notícia discariam para esse servidor (*server*) e fariam a necessária transferência de arquivos.

Esse sistema podia também ser utilizado para enviar mensagens entre computadores mediante um encadeamento de transmissões. Assim, se o computador A quisesse enviar uma mensagem para o computador F, mas não soubesse o seu número telefônico para fazer uma ligação direta, ele enviaria a mensagem a um computador B que tivesse uma extensa lista de endereços (servidor de endereços). Se o servidor B não soubesse também o endereço de F, ele então enviaria um pedido aos outros servidores que ele conhecesse (digamos C, D, E), perguntando em qual deles estaria registrado o endereço de F. Caso o computador D, por exemplo, soubesse o endereço de F, então o computador B enviaria a mensagem para D, e este a enviaria ao seu destinatário final.

Apesar de esse sistema ser bastante simples e barato, ele enfrentava pelo menos dois sérios problemas. O mais óbvio deles é a baixa velocidade de transmissão das linhas telefônicas. A outra dificuldade é um pouco mais sutil. Em um ambiente de rede local, como em uma grande empresa, todos os computadores estão constantemente trocando arquivos e executando tarefas (imprimindo documentos, enviando e-mail etc.) a pedido de outros computadores. A maneira de o protocolo UUCP retransmitir informações mostrou-se muito ineficiente nesse tipo de ambiente pois era necessário esperar que o arquivo fosse recebido por completo antes de começar a retransmissão.

O grande número de comunicações simultâneas presentes em uma rede local requereu a adoção de um novo protocolo de transmissão. Em vez de encaminhar arquivos inteiros com uma descrição da tarefa a ser executada (por exemplo, "Imprima este arquivo na impressora P"), mostrou-se mais eficiente repartir os arquivos em pequenos pedaços de tamanho padronizado (pacotes) e retransmiti-los à medida que fossem chegando. Caberia, então, à máquina destinatária final o trabalho de juntar os pacotes e executar a instrução solicitada. Esse tipo de rede, em que são transmitidos pacotes padronizados e não arquivos inteiros de tamanho arbitrário, é chamado *Packet-Switched* ou comutação de pacotes. O preço a ser pago por essa nova e mais ágil configuração é a necessária complexidade do software a ser utilizado. Isso levou ao desenvolvimento e à padronização do Transmission Control Protocol/Internet Protocol (TCP/IP). A adoção desse protocolo de rede, com o desenvolvimento do hardware (componente físico) apropriado, a placa de rede Ethernet, possibilitou o dinamismo existente nas redes locais como as conhecemos hoje.

A REDE ETHERNET

Em uma rede local vários computadores estão constantemente mandando pacotes de dados uns aos outros por meio do protocolo TCP/IP. Se, por um lado, a comunicação entre os computadores fosse estabelecida aos pares, esta comunicação seria extremamente lenta, pois para cada pacote a ser transmitido teria de ser efetuada uma nova conexão. Se, por outro, a cada pacote estivesse associado um código único que identificasse tanto o computador de destino quanto o remetente, então os pacotes poderiam ser transmitidos a todos os computadores da rede local, pois apenas aquele com o código correto acabaria recebendo o pacote que lhe coubesse. Ao mesmo tempo, ele saberia qual foi seu remetente. Isso é o que ocorre na rede Ethernet.

Na rede Ethernet todos os computadores estão conectados a todos os demais, o tempo todo, recebendo e enviando pacotes. Nesse caso, a rede assemelha-se mais a uma esteira rolante que passa por todos os computadores do que a uma ligação telefônica. Cada computador retira da esteira os pacotes que lhe pertencem e coloca, na mesma esteira, os pacotes a serem enviados, sem se importar onde se encontra o destinatário.

Como os computadores são fabricados por várias companhias, às vezes com características bastante distintas, é necessário que eles possuam uma mesma interface que possibilite a forma de acesso à rede. A interface de rede Ethernet, em geral simplesmente chamada "placa de rede", é o componente do computador encarregado de apanhar da rede os pacotes que lhe pertencem e entregá-los ao sistema operacional do computador. Da mesma forma, ela pega os pacotes que o computador deseja enviar e os coloca na rede.

Para que seja identificada de forma única pela rede, cada placa possui um número próprio, determinado pelo seu fabricante. Esse número, o endereço Media Access Control (MAC), é um conjunto de seis números hexadecimais na forma AA:BB:CC:DD:EE:FF, em que cada uma das letras pode assumir os valores de 0 até 9 e de A até F, permitindo mais de duzentos trilhões de endereços diferentes. Queremos no entanto ter a liberdade de atribuir ao nosso computador um nome apropriado à organização da rede local. Isso é feito mediante o Protocolo Internet (Internet Protocol – IP) e do servidor de nomes (Domain Name Server – DNS).

A placa de rede é encarregada de receber os pacotes, mas cabe ao computador identificar seu conteúdo e, no caso de os pacotes serem partes de um único arquivo, reuni-los na ordem correta, reconstruindo o arquivo original. Para dinamizar essa tarefa, cada pacote contém, além dos endereços do remetente e do destinatário, um código numérico relacionado a seu conteúdo. Dessa forma, o computador sabe o que fazer com cada pacote à medida que os recebe da interface de rede. Por exemplo, se um arquivo estiver sendo transmitido por meio do programa de transferência de arquivos File Transfer Protocol (FTP), seus pacotes carregarão consigo o número 20, que é a chamada porta do serviço de FTP. Ao mesmo tempo que estiver recebendo os pacotes relativos a esse arquivo, o computador pode também estar sendo acessado por intermédio da rede com o uso do Telnet, programa que permite que se conecte a um computador remoto.

Como os pacotes do Telnet estão associados à porta de número 23, o computador sabe que para aquele pacote ele deve empregar os programas relativos ao serviço Telnet.

Em geral os computadores recebem simultaneamente pacotes relativos a serviços diferentes que possuem numeração devidamente padronizada. Para evitar que o computador receba pacotes com instruções prejudiciais, é comum que as portas de serviços não-essenciais sejam mantidas fechadas. O processo de fechar portas de serviços não-essenciais chama-se Firewall. Mantendo-se abertas apenas as portas necessárias ao funcionamento do computador reduz-se em muito a chance de o computador ser atacado por *hackers* por meio da rede.

O PROTOCOLO INTERNET (IP)

Mas nem tudo está ainda perfeito. Como vimos, um pacote enviado por um computador é visto por todos aqueles ligados a uma dada rede Ethernet. Isso funciona bem para algumas centenas, ou até milhares de computadores compartilhando essa rede. Como existem centenas de milhões de computadores seria completamente impossível fazer uma rede em que cada pacote fosse visto por todos os computadores. No entanto, uma das funções de uma rede é permitir que um pacote possa ser enviado para qualquer computador, não importando onde ele esteja. Para isso precisamos restringir nossa rede Ethernet a apenas os computadores de nossa rede local, e criar uma maneira de interconectar as diversas redes. Vem daí o termo internet, palavra que significa "entre redes". Vários protocolos foram criados com o objetivo de estabelecer conexões internet, mas o mais popular deles é justamente o protocolo chamado Internet, com "I" maiúsculo.

Por intermédio do uso do Internet Protocol (IP) podemos conectar diversas redes Ethernet locais (LAN). Para tanto precisamos designar um computador que esteja conectado também à rede de longa distância, ou Wide Area Network (WAN), para servir como uma espécie de portão (*gateway*). Por ele devem passar todos os pacotes da rede local para a rede de longa distância e vice-versa. Por exemplo, o *gateway* de uma empresa, que conecta a rede interna da empresa à rede Internet, pode possuir uma interface de rede Ethernet que o conecte à rede do departamento de pessoal, outra interface de rede Ethernet que o conecte à rede do departamento de vendas, e assim por diante. Além das interfaces Ethernet ele deve também possuir uma interface de rede que faça a ligação com a rede externa, por exemplo uma rede de alta velocidade de fibra óptica entre diversos *gateways*. Além de servir de portão de entrada e saída, o *gateway* pode também ser encarregado de passar os pacotes de uma rede Ethernet a outra. Nesse caso ele estará servindo como rota para os pacotes trafegarem entre as redes Ethernet, sendo portanto chamado de roteador (*router*).

Existem diversos padrões para a transmissão dos sinais entre as redes Ethernet, como, por exemplo, Frame Relay, Asynchronous Transfer Mode (ATM), Dense Wave Division Multiplexing (DWDM), que são utilizados dependendo do tipo de conexão que se deseja implementar. É fundamental no entanto que o protocolo Internet possa ser implementado em todas elas, formando uma rede aparentemente homogênea. Para que isso seja possível, é necessário que haja uma maneira de fazer o endereçamento dos pacotes que seja independente do equipamento utilizado, o que é feito associando-se a cada computador um número de 32 bits, que identifica de forma unívoca esse equipamento. Esse número, chamado de Endereço IP (*IP Address*), é usualmente dividido em quatro números de 8 bits, separados por um ponto, cada um deles podendo assumir 2^8 valores possíveis entre 0 e 255 (por exemplo, 192.016.255.159).

Temos agora três formas de identificação de um computador: seu nome, seu endereço MAC e seu endereço IP. Assim como a lista telefônica associa o nome da pessoa ao seu número de telefone, também para a rede de computadores dois tipos de serviços são utilizados: a *Resolução de Nome* relaciona o IP ao nome do computador, e a *Resolução de Endereço* relaciona o IP ao endereço de hardware do computador que, no caso da Ethernet, é dado pelo endereço MAC.

O SISTEMA DE NOMES DE DOMÍNIOS (DNS)

Como acabamos de ver, o endereço de um computador no protocolo Internet é formado por um número com 32 bits. No entanto, é mais prático fazer que a designação dos computadores se assemelhe ao máximo à maneira que estamos habituados a nos comunicar. Por exemplo, apesar de existirem números associados a pessoas, como RG e CPF, costumamos nos referir a elas pelo nome próprio. Da mesma forma, foi criado um sistema que associa a cada número IP um nome de computador. Mais que isso, esse nome traz consigo informação sobre a rede a que ele pertence. Da mesma forma que membros de uma família possuem o mesmo sobrenome, computadores de uma mesma rede podem ser reconhecidos pelo nome que compartilham por pertencerem a um mesmo domínio. Diferentemente de seu endereço numérico, que deve possuir quatro números entre 0 e 255 separados por pontos, os nomes não possuem limitação de tamanho, nem de segmentos separados por pontos.

O problema de atribuir a cada computador um nome é a dificuldade de se encontrar o número IP correspondente a esse nome. Da mesma forma que temos cadernetas de endereços onde são anotados os números de telefones das pessoas de nossa rede de relacionamentos, os computadores também possuem um arquivo no qual são guardados os números dos computadores conhecidos. Essa é uma solução que funciona bem para uma rede razoavelmente pequena.

Para uma rede de uma empresa ou universidade com algumas centenas de computadores, a solução de cada computador possuir sua própria lista deixa de ser satisfatória. Isso exigiria que qualquer novo nome tivesse de ser atualizado em todos os computadores da rede. O problema foi solucionado com a criação do Network Information System (NIS), também conhecido como Yellow Pages (YP), ou Páginas Amarelas. Nesse sistema, determinado computador da rede é designado para fornecer as diversas informações requisitadas pelos demais computadores da rede à qual ele pertence, sendo por isso chamado de Servidor de NIS. No servidor são armazenados não apenas os nomes e números dos computadores da rede, mas também o nome das pessoas autorizadas a usá-los e suas respectivas senhas. Cada computador é configurado para responder ao servidor fornecendo seu número e nome sempre que requisitado. Dessa forma, o servidor de NIS pode, de tempos em tempos, vasculhar a rede e manter atualizados a sua tabela de nomes e números.

Mas como achar o número IP de um computador que não esteja na sua rede local? No início da Internet havia um serviço centralizado, o Network Information Center, para o qual todos os servidores enviavam seus arquivos com os nomes e números dos computadores de sua rede. Esse centro então coletava os endereços e os redistribuía aos diversos servidores. Com o aumento do número de máquinas, a solução tornou-se impraticável não só pelo tamanho da lista, mas principalmente pela possibilidade de repetição de nomes. A solução do problema foi proposta em 1984 por Paul Mockapetris, que elaborou o Sistema de Nome de Domínios, ou Domain Name System (DNS).

O DNS organiza os nomes dos computadores em hierarquias de domínios. Domínio é o conjunto de locais que estão de alguma forma relacionados, porque pertencem a uma mesma organização, tipo de atividade, ou região geográfica. Por exemplo, os computadores costumam ter como último nome a abreviação do país em que se localizam. No Brasil os endereços terminam em .br, na França a terminação é .fr, na Itália .it, e assim por diante. Quando não está especificado o país de origem, assume-se que ele pertença a uma organização dos Estados Unidos. O nome seguinte designa o tipo de atividade a que pertence a rede do computador. As redes .edu são as redes das universidades, .com são as redes comerciais, .gov as que pertencem ao governo, e assim por diante. Nesse esquema de nomes, um computador pertencente a uma rede com finalidades comerciais no Brasil possui a terminação .com.br. Abaixo desse nível de padronização, cabe a cada rede nomear seus computadores em sub-redes de acordo com a sua necessidade.

A convenção usada para nomear os computadores e as redes às quais eles pertencem é, no entanto, apenas uma sugestão. Por exemplo, a rede da Universidade Estadual Paulista (Unesp) tem a terminação .unesp.br e não .unesp.edu.br. No interior da Unesp, cabe a ela própria a organização de seus nomes. Assim, ao Instituto de Física Teórica (IFT) a Unesp reservou o domínio .ift.unesp.br, e todos os computadores do IFT têm essa terminação comum. Cabe ao IFT criar seus subdomínios de acordo com suas necessidades. Os computadores do grupo de Física de Altas Energias (High Energy Physics – HEP) têm a terminação comum .hep.ift. unesp.br. Desse modo, o nome completo do computador d0server, servidor NIS do grupo, é d0server.hep.ift. unesp.br. Esse é o Full Qualified Domain Name (FQDN) do servidor NIS do grupo. Todos os outros computadores do grupo têm o mesmo nome de domínio (*domainname*), diferindo apenas no primeiro nome (*hostname*). A grande vantagem do método de organizar a rede é que ele elimina a necessidade de um gerenciamento centralizado, deixando sob a responsabilidade de cada organização a escolha do número de subdomínios que melhor se ajuste às suas necessidades, bem como a escolha de seus nomes e os números IP correspondentes.

Se eu quiser me conectar ao computador sprace.if.usp.br, localizado no Instituto de Física (IF) da USP, a partir do d0server.hep.ift.unesp.br localizado no IFT da Unesp, o d0server tem de saber o número IP do sprace para poder fazer a conexão. No entanto, como o d0server descobre o número IP do sprace? O mecanismo é simples, e utiliza a padronização fornecida pelo DNS. A procura pelo IP (*dns-lookup*) exige que cada rede possua um servidor de DNS, encarregado de manter um arquivo relacionando o nome da máquina ao seu IP. Mas a quantidade de nomes e IPs que cada servidor pode guardar é limitada. Assim, quando o d0server.hep.ift.unesp.br perguntar ao servidor de DNS do IFT qual o IP do sprace.if.usp.br, ele verá que esse endereço não pertence ao domínio ift.unesp.br e vai então perguntar ao servidor DNS do domínio imediatamente superior (unesp.br) se ele conhece sprace.if.usp.br. Caso ele não tenha a informação, irá então mandar a lista dos servidores DNS dos domínios imediatamente superiores (br) que ele conhece. A mesma pergunta é então repetida a todos os servidores e, cada vez que um deles não souber a resposta, ele responderá com a lista dos servidores DNS do domínio br que ele conhece. Esse processo de busca continua até que algum servidor tenha em sua lista um servidor DNS com domínio usp.br. É então perguntado se esse servidor conhece o IP do sprace.if.usp.br. Mesmo que ele não conheça o endereço do computador é possível que ele tenha em sua lista de servidores DNS o servidor do domínio if.usp.br. Caso contrário, ele manda uma lista de servidores usp.br, e a busca continua até que algum deles conheça o servidor DNS do domínio if.usp.br e envie a informação ao servidor do IFT. O servidor DNS do domínio ift.unesp.br pergunta então ao servidor DNS do domínio if.usp.br qual o número IP do computador sprace.if.usp.br, obtém a resposta e responde ao computador d0server.hep.ift.unesp.br qual o IP do computador sprace.if.usp.br. De posse dessa informação, o d0server inicia o procedimento necessário para o estabelecimento da comunicação com o sprace.

Ainda que a busca pareça bastante complicada, em geral com apenas algumas perguntas é possível descobrir o endereço IP de qualquer computador do mundo. Além disso, uma vez que o servidor de DNS descobre o endereço de algum computador, ele guarda a informação em sua lista de endereços. Assim, quando qualquer computador do domínio ift.unesp.br perguntar novamente ao servidor DNS do IFT pelo IP do sprace, o servidor do IFT já saberá a resposta, pois além de realizar a busca ele mantém também o armazenamento (*cache*) dos IPs já encontrados.[2]

OS PROTOCOLOS TCP E UDP

Assim como qualquer outro meio de comunicação, a transmissão de pacotes por intermédio da rede também não é infalível. Alguns pacotes enviados podem nunca chegar ao seu destino ou chegar distorcidos. Pode acontecer também que dois pacotes cheguem simultaneamente até um dado computador, sendo que ele só consegue receber um de cada vez. Nesse caso dizemos que houve uma *colisão de pacotes*. O que fazer nesses casos? Como é possível reconstruir um arquivo a partir de seus pacotes, se algum pedaço (pacote) estiver faltando? Um mecanismo para solucionar esse tipo de pro-

---

2   Como curiosidade, visite o site da Ciência de Computação da Universidade de Virginia (http://www.cs.virginia.edu/oracle/), onde se busca provar que quaisquer duas pessoas no mundo necessitam de no máximo cinco passos intermediários para serem conectadas (Oráculo de Bacon).

blema é implementado pelo protocolo Transmission Control Protocol (TCP). Da mesma forma que o protocolo IP, o protocolo TCP deve ser independente do tipo de rede que esteja transmitindo os dados, de forma que diferenças nos estágios intermediários da comunicação passem despercebidas para os computadores que enviam e os que recebem os dados.

No protocolo TCP, não apenas o endereço do destinatário é anexado ao pacote, mas também o endereço do remetente. Assim, o protocolo TCP estabelece uma comunicação nos dois sentidos entre o remetente e o destinatário. Com isso inicia-se um processo de transmissão e correção, caso algo de errado ocorra.

Digamos que o computador A queira enviar uma mensagem para o computador B, que não sabe onde se encontra. O computador A emite para a rede um pacote com certo conteúdo de serviço endereçado ao computador B. Esse pacote vai sendo transmitido de computador a computador até chegar à rede da qual o computador B recolhe os sinais. Como o pacote contém o endereço IP do computador que o enviou, o destinatário saberá de onde veio.

Ao receber o pacote, o computador B então envia de volta outro pacote dizendo que recebeu o pacote inicial, e está pronto para começar a comunicação. No entanto, como B ainda não sabe se A realmente recebeu a mensagem de volta, ele por segurança não abre a porta relativa ao serviço especificado no pacote.

Quando o computador A recebe a mensagem de volta, ele sabe que B vai aceitar seus pacotes, e sabe também que é possível estabelecer uma rota para que seus pacotes cheguem até B. É tudo o que ele precisa saber para estabelecer a comunicação. Ele então abre a porta de retorno e manda uma nova mensagem para B dizendo que o caminho de volta está disponível.

Ao receber a confirmação de A, o computador B abre a porta do serviço em questão e fica à espera do recebimento dos pacotes emitidos pelo computador A. Agora ele sabe que se algum pacote estiver faltando, ou chegar danificado, ele pode mandar uma mensagem de volta para o computador A para que reenvie o pacote.

Tal maneira de se certificar de que as duas pontas da comunicação estejam prontas para a troca de informação é muito similar àquela que utilizamos habitualmente em uma conversa ao telefone. Quando nós (A) ligamos para uma pessoa (B), o sinal passa por um caminho totalmente desconhecido. A pessoa B atende o telefone [A → B], fala "Alô" para A [B → A], e quando respondemos "Alô" em resposta [A → B] a comunicação se estabelece, pois estamos certos de que ambos estão ouvindo e falando.

O protocolo TCP, apesar de oferecer a segurança de que pacotes extraviados podem ser recuperados, também tem o seu lado negativo. A troca inicial de mensagens faz que o estabelecimento de comunicação seja lento. Se a comunicação entre os computadores já estiver estabelecida, então os pacotes, também chamados *datagramas*, podem ser enviados imediatamente de um computador para o outro. Esse protocolo, chamado User Datagram Protocol (UDP), permite conexões mais rápidas que o TCP, mas não oferece nenhum tipo de recuperação de pacotes perdidos, sendo mais utilizado para a execução de serviços entre computadores de uma mesma rede local.

Serviços de rede

CORREIO ELETRÔNICO[3]

Vamos examinar agora como se dá a troca de informações quando enviamos uma mensagem por meio do correio eletrônico. Um e-mail é constituído basicamente por duas partes:

---

3 http://www.tldp.org/HOWTO/Mail-Administrator-HOWTO-3.html

o cabeçalho e, separado deste por uma linha em branco, o corpo da mensagem. O cabeçalho contém todas as informações relativas ao envio da mensagem, como remetente, destinatário, assunto e data do envio da mensagem.

Suponhamos que o usuário Alberto no computador Alfa deseje mandar um e-mail para Beth no computador Beta e que ambas as máquinas estejam conectadas permanentemente na Internet. Para mandar um e-mail para Beth, o usuário Alberto utiliza algum programa de e-mail instalado no computador Alfa, denominado genericamente Mail User Agent (MUA), como por exemplo o Outlook, Pine, elm etc. Não importa qual seja o MUA utilizado, a mensagem gerada deve seguir a mesma padronização, de modo que o envio e recebimento da mensagem independam do programa utilizado. Assim que Alberto acabar de escrever sua mensagem utilizando seu MUA favorito, a mensagem será enviada e passará do MUA para o Mail Transport Agent (MTA), que é o programa responsável pelo transporte da mensagem.

O mais popular dos MTA é sem dúvida o *sendmail*. A função do MTA do computador Alfa é verificar os dados do cabeçalho da mensagem e enviá-la ao computador destinatário da mensagem, o computador Beta. Já vimos que o Alfa é capaz de descobrir o IP correspondente a Beta, e um arquivo pode ser transmitido de um computador a outro usando-se o protocolo TCP/IP. Mas nada garante que o mesmo MTA esteja instalado em ambos os computadores. Novamente, para que a mensagem possa ser enviada e recebida, independentemente do MTA instalado nas máquinas, é necessário que o transporte da mensagem seja regulamentado por um protocolo próprio. É mediante esse protocolo que as máquinas se comunicam. Mais do que isso, precisamos saber se uma dada mensagem enviada de fato chegou ao seu destino, e se existe o destinatário Beth no Beta. Queremos também que a correspondência retorne caso o destinatário não exista, não possa receber, ou não queira receber a correspondência enviada.

Todo esse conjunto de padrões de comportamento para a troca de e-mails constitui um Protocolo de envio de e-mails.

O protocolo-padrão adotado para a troca de mensagens eletrônicas entre computadores é o Simple Mail Transport Protocol (SMTP). Ao colocar na sua rede Ethernet os pacotes contendo a mensagem a ser enviada de Alberto no Alfa para Beth no Beta ou, de forma simplificada, de alberto@alfa para beth@beta, o MTA anexa ao cabeçalho do pacote padronizado pelo TCP/IP o número da porta correspondente ao protocolo SMTP, ou seja, a porta 25. Ao receber o pacote, o computador identifica a porta e, a partir daí, sabe que deve agir conforme o protocolo SMTP. O programa MTA do Beta verifica se o usuário Beth existe em Beta, e se ela está autorizada a receber mensagens de alberto@alfa. O MTA do Beta manda então uma mensagem de volta a Alfa, que está esperando a resposta na porta SMTP, comunicando se aceitou ou não aquela determinada mensagem. No caso de não tê-la aceito, ele enviará as razões da recusa. Caso o MTA do Alfa não receba nenhuma mensagem de volta do MTA do Beta dentro de certo tempo, então ele considera que a mensagem foi perdida, e a envia novamente. Em geral, passados alguns dias após a mensagem ter sido continuamente enviada e não havendo resposta do MTA do computador de destino, então o MTA do computador remetente considera que a mensagem não pode ser enviada. Uma mensagem é então gerada informando que a mensagem original não pôde ser enviada.

Ao receber a mensagem, o MTA do computador passa a mensagem para o Local Transport Agent (LTA), programa encarregado de encaminhar as mensagens recebidas pelo MTA à caixa de correio do usuário destinatário. Quando uma nova mensagem chega na caixa postal, o usuário é notificado.

Muitas vezes, no entanto, o computador no qual a pessoa está trabalhando não está conectado o tempo todo à Internet, ou simplesmente não está configurado para receber e-mail. Por exemplo, pode ser que Beth não trabalhe no computador

Beta encarregado de receber seus e-mails. Na verdade, os computadores que recebem os e-mails em geral não são os computadores em que as pessoas trabalham. É necessário, portanto, que haja outro tipo de protocolo que permita que uma pessoa possa ter acesso aos e-mails de sua caixa postal de um computador qualquer. Existem vários protocolos para esse tipo de serviço, entre eles o Post Office Protocol (POP) e o Internet Message Access Protocol (IMAP).

O POP3 é provavelmente o mais popular de todos os protocolos de acesso remoto a e-mails. Em geral, ele é utilizado quando o computador não está diretamente conectado à rede em que se encontra o servidor de e-mail. Este é o caso, por exemplo, das pessoas que se conectam à internet por meio de um provedor de acesso, o Internet Service Provider (ISP). Nesse caso, o servidor de e-mail do ISP está o tempo todo conectado à Internet e mantém o serviço de SMTP funcionando. O ISP que mantém o serviço POP de e-mail age como se fosse uma agência de correio eletrônico, e cada pessoa com endereço eletrônico nessa agência possui uma caixa postal (*mailbox*) onde são recebidos seus e-mails. Quando se usa o protocolo POP, é o próprio MUA (Outlook, Netscape etc.) que busca se comunicar com o servidor POP e copia para o computador local as mensagens que estão na caixa postal situada no provedor. Uma vez no computador local, fica a cargo do usuário organizar as mensagens recebidas da maneira que melhor lhe convier.

No caso do POP, cada pessoa tem apenas a caixa postal em que são recebidas as mensagens novas no servidor de e-mail. As mensagens já recebidas são guardadas e organizadas no computador local e as mensagens já retiradas da caixa postal podem ser acessadas apenas do computador para onde foram copiadas.

O protocolo IMAP é mais versátil. O servidor nesse caso tem a mesma funcionalidade de um sistema de arquivos. Em vez de possuir apenas a caixa de entrada de mensagens, o servidor de IMAP permite também a criação de pastas nas quais se podem organizar as mensagens recebidas. Além disso, pode-se também manter no servidor de IMAP uma cópia das mensagens enviadas. O uso desse protocolo de acesso remoto a e-mails fornece uma mobilidade muito maior, pois permite que se tenha acesso a todos os e-mails, independentemente de qual computador esteja sendo utilizado. A contrapartida é que só se tem acesso às mensagens caso se esteja conectado à Internet.

Uma variante do protocolo IMAP que vem se tornando muito popular ultimamente é o chamado Webmail. Este é um método de acesso e envio de mensagens que não utiliza MUA. Nesse caso, as mensagens ficam guardadas no servidor de e-mail com todas as funcionalidades do IMAP, mas a leitura, composição e organização das mensagens é feita por meio do navegador de Internet, utilizando-se o Hyper Text Transfer Protocol (http). Perde-se a funcionalidade e poder dos MUA, mas se adquire uma mobilidade inigualável, pois as mensagens podem ser acessadas de qualquer terminal que possua um navegador de Internet, como por exemplo os Cyber Cafés, lugares onde as pessoas pagam algumas horas pelo uso de um computador ligado à Internet. Em recente desenvolvimento, alguns MUAs tornaram-se aptos a ter acesso aos serviços de e-mail remoto disponibilizados pelo protocolo http. Assim, de sua casa uma pessoa pode ter acesso a seu e-mail usando todo o poder de seu MUA favorito e, ao mesmo tempo, ter acesso a seus e-mails de qualquer computador do planeta que esteja de alguma forma conectado à Internet.

TRANSFERÊNCIA DE ARQUIVOS – FTP[4]

FTP é o acrônimo para File Transfer Protocol, ou seja, protocolo para transferência de arquivos. É um dos protocolos

---

4 http://www-rohan.sdsu.edu/0301.html

mais utilizados para transferir arquivos empregando-se o TCP/IP. O FTP é um conjunto de regras que permite que arquivos sejam transferidos entre diferentes tipos de computadores, independentemente do tipo de sistema operacional que eles estejam utilizando, ou como estejam conectados.

A conexão dos computadores para a transferência de arquivos funciona de maneira bastante semelhante àquela empregada para o envio e recebimento de e-mails. Os protocolos TCP/IP e o DNS fornecem uma maneira de fazer que um pacote disponibilizado na rede seja repassado de computador a computador, até chegar à rede Ethernet do computador destinatário. No caso de um pacote contendo instruções de protocolo FTP, ele traz consigo o número da porta do serviço FTP, a porta 21. Ao receber um pacote com esse número, o computador destinatário sabe que ele que deve interpretar as instruções contidas no pacote de acordo com o protocolo FTP. Ele então verifica se o computador emissor do pacote está autorizado a estabelecer uma conexão visando à troca de arquivos. Caso possa ser estabelecida, ele verifica se a pessoa que requereu a conexão está autorizada a transferir arquivos. As informações referentes às pessoas e aos computadores autorizados podem estar guardadas tanto no próprio computador quanto no servidor NIS da rede à qual o computador pertence. Se esses requisitos forem satisfeitos, o computador de destino enviará um pacote de volta ao remetente, endereçado também à porta 21, pedindo a senha relativa à pessoa que está solicitando a transferência, de modo que assegure que ela seja de fato a pessoa que está pedindo permissão para executar a transferência dos arquivos.

A pessoa que está solicitando a transferência de arquivos fornece a senha, que é transferida para o computador de destino. É dado um prazo máximo de tempo para recebimento da senha. Caso ele não receba a senha correta em tempo hábil, encerra o programa que está à espera de sinal na porta 21.

Por outro lado, se recebe a senha correta, manda uma mensagem de volta ao requerente comunicando que está pronto para começar a transferência dos arquivos.

Estabelece-se assim a chamada sessão FTP e, uma vez que a pessoa encontre no computador de destino os arquivos desejados, ela pede que esse arquivo seja transferido. O arquivo solicitado é dividido em pacotes conforme o padrão TCP/IP e enviado. O computador que está transmitindo os pacotes precisa se assegurar de que o outro computador está de fato recebendo os pacotes que lhe estão sendo transmitidos. Caso ele não receba de volta dentro de certo intervalo de tempo a confirmação de que seus pacotes estão chegando, ele pára de transmiti-los e encerra a comunicação assumindo que algum problema interrompeu a comunicação entre os computadores.

O FTP é usado não somente para copiar arquivos que estejam em um computador remoto, mas é também comumente utilizado para fazer o *download* de programas, música, textos ou qualquer outro tipo de arquivo que se queira disponibilizar. Nesse caso, as pessoas não precisam estar registradas no computador que funciona como repositório dos arquivos. O servidor de FTP é então configurado para aceitar um tipo especial de conexão em que a pessoa se identifica como *anonymous* (anônima) e usa seu e-mail como senha. Nesse caso, apenas certa área do computador servidor de FTP é liberada para acesso, sendo por isso chamada de área pública. Os arquivos armazenados nessa área ficam assim disponibilizados para quem quer que os deseje transferir.

CONEXÃO REMOTA – TELNET[5]

Telnet é o programa que executa o protocolo padrão da Internet para os serviços de conexão a um terminal remoto. O

---

5 http://www-rohan.sdsu.edu/0300.html

protocolo Telnet permite que de um computador você possa entrar em outro computador da rede e com ele interagir como se estivesse sentado à sua frente. É um serviço de comunicação simples, oferecendo apenas o modo de comando de linha no terminal, isto é, não usa o mouse e não possui ambiente gráfico.

Ele é bastante fácil de ser utilizado. Se você tiver uma conta no computador ao qual pretende se conectar, basta digitar no terminal o nome completo do computador que pretende usar à distância e o programa solicitará seu nome e senha. Uma vez autenticado, você poderá utilizar um computador situado a milhares de quilômetros de distância, dando a ele instruções como se estivesse à sua frente.

O processo de funcionamento do Telnet é bastante similar ao do FTP, porém agora os pacotes indicam a porta 23 para que, ao chegar ao computador de destino, seja empregado o programa Telnet. Uma vez autenticados usuário e computadores e estabelecida a comunicação, o Telnet possibilita interagir com o computador remoto permitindo, por exemplo, verificar o conteúdo de diretórios pelo comando "ls". Cada vez que pressionamos uma tecla no computador local, este envia imediatamente ao computador remoto um pacote contendo o código correspondente ao caráter digitado. O computador de destino por sua vez identifica o pacote recebido, e retransmite de volta ao computador local o caráter que ele julgou ter recebido. Este caráter recebido de volta é então exibido na tela do computador que estamos usando.

Assim, se estivermos em São Paulo nos conectando a um computador em Chicago, ao digitarmos a tecla "l", primeira letra do comando "ls", essa letra é enviada até Chicago, retransmitida de computador a computador de acordo com a rota traçada pelo DNS. Daí ela é retransmitida de volta, e aparece na tela do usuário. Esse processo parece dispendioso e lento, mas na verdade tudo se processa de forma muito rápida, em alguns décimos de segundo.

O método em que visualizamos o que o outro computador recebeu, e não o que enviamos, garante que ao aparecer escrita a palavra "ls" na tela, esta é de fato a palavra lida pelo computador em Chicago. Podemos então apertar a tecla "Enter" para que seja executada a tarefa. Os resultados obtidos com o comando são então enviados para a nossa tela pelo computador remoto, dando a sensação de que estamos trabalhando diretamente no computador localizado a milhares de quilômetros de distância.

3 Grid: o desafio de uma infra-estrutura global

Introdução

O termo "Grid" foi cunhado em meados da década de 1990 por Ian Foster e Carl Kesselman ao propor uma infra-estrutura distribuída de hardware e software dedicada à ciência e à engenharia. O termo foi inspirado em outros tipos de redes, como as redes de distribuição elétrica (*Power Grids*), redes ferroviárias (*Railroad Grids*) e redes telefônicas (*Telephone Grids*), em que determinada infra-estrutura ou serviço chega ao usuário final após ser distribuída por meio de uma malha de grande capilaridade.

Na definição de Ian Foster, um dos pesquisadores pioneiros na área, "Grids computacionais são sistemas que comportam processamento paralelo de aplicações em recursos heterogêneos e distribuídos, oferecendo acesso consistente e barato a esses recursos, independentemente de sua localização física".

Não podemos esquecer de que o conceito de Grid é bastante recente e encontra-se em plena evolução. Muitos problemas técnicos ainda estão por ser resolvidos. No entanto, já podemos esperar que, da mesma forma como ocorreu com a Internet, aplicações do Grid irão muito além do que podemos supor nesse momento. A revolução que se avizinha poderá ter um impacto igual ou maior que o que a Internet teve na sociedade como um todo. É fácil antever a hora na qual o Grid sairá do meio puramente acadêmico atingindo a esfera privada e, conseqüentemente, causando um grande impacto nos mais diversos setores da comunidade, indo do ensino ao tratamento médico, do entretenimento aos meios de produção.

Se comparada a outras redes de distribuição, tais como a rede elétrica ou telefônica, a rede de computadores encontra-se ainda em um estágio bastante primitivo. Quando ligamos um aparelho elétrico na tomada, a energia nos é fornecida sem que necessitemos saber de onde ela vem e quem a está gerando.

Ainda chegará o dia em que algo similar acontecerá com as redes computacionais. Ao sentarmos diante de um teclado e monitor, ou qualquer outro meio de se interagir com o sistema que venha a se tornar habitual, poderemos utilizar recursos computacionais que não estarão restritos àqueles disponíveis localmente. A rede de altíssima velocidade será transparente, permitindo o acesso a recursos disponíveis em locais remotos, sem que necessitemos saber sua origem. A rede será capaz de aglutinar recursos computacionais heterogêneos, geograficamente distribuídos. Para executar um programa disponível no Japão não será necessário instalar o programa em nosso computador local, já que ele poderá ser executado diretamente no computador japonês. Caso seja necessário acessar informação localizada em um banco de dados na Holanda, não será preciso copiar esses dados localmente; o programa japonês poderá acessar diretamente os dados localizados na Holanda. E, ao obtermos o resultado desejado, ele poderá ser globalmente disponibilizado de tal forma que colaboradores distantes possam utilizar sofisticados métodos de visualização para examinar os resultados. Isso tudo será executado sem que se necessite saber onde estão realmente localizados os recursos, já que a estrutura do Grid se encarregará de localizá-los e colocá-los a nosso dispor.

Os recursos computacionais para tornar o Grid uma realidade já estão disponíveis, seja sob a forma de grandes computadores contendo muitos processadores, sob a forma de clusters computacionais ou mesmo pela enorme quantidade de computadores pessoais espalhados pelo mundo. Para isso, basta que eles venham a ser convenientemente integrados em uma rede de processamento de alcance mundial.

Recursos computacionais e o Grid

Supercomputador é um termo genérico utilizado para designar os computadores mais rápidos de seu tempo. Tais computadores são tipicamente utilizados para processamento numérico intensivo como, por exemplo, simulações científicas, animação gráfica, análise de dados geológicos ou meteorológicos. Como são utilizados prioritariamente para cálculo numérico, utiliza-se o número de operações por segundo com números com ponto flutuante (*i.e.*, número com vírgula, representado pelo computador como um número com um ponto após o primeiro algarismo seguido pela potência de 10 correspondente) como medida de sua velocidade. Assim, a velocidade dos supercomputadores é freqüentemente medida em Flops (ver Glossário). As incríveis velocidades de execução dos supercomputadores só são possíveis se, além de utilizar processadores velozes, forem acoplados diversos processadores em um único computador. Desse modo, enquanto um processador realiza uma parte dos cálculos, outro processador realiza outra parte.

O primeiro supercomputador a superar a barreira do TeraFlop (ou 1 trilhão de Flops) foi o GRAPE-4, criado na Universidade de Tóquio em 1995, que continha 1.692 processadores e foi construído com o propósito específico de realizar simulações em Astrofísica. No ano seguinte a Cray

Research, a mais famosa fabricante de supercomputadores, lançou o CRAY T3E-900 com 2.048 processadores, o primeiro supercomputador de utilização genérica a romper a barreira do TeraFlop.

Basicamente, podemos dizer que a velocidade de um supercomputador é limitada por três fatores fundamentais: a velocidade dos seus processadores, o tempo gasto pelo sistema para fazer os diversos processadores trabalharem em conjunto em uma única tarefa e o tempo gasto para a informação ser transferida entre os elementos do supercomputador, seja de um processador para o outro, ou dos processadores para a memória.

A velocidade de um processador está diretamente relacionada ao número de transistores que ele contém. Já em 1965, Gordon Moore, co-fundador da Intel, observou que havia um crescimento exponencial no número de transistores contidos nos processadores. Ele generalizou essa observação afirmando que esse número dobra a cada 18 meses. A lei pode ser verificada ao examinarmos o número de transistores contidos nos processadores produzidos pela Intel[1] nos últimos anos e que são apresentados na Tabela 2.

Processador	Ano	Número de Transistores
4004	1971	2.250
8008	1972	2.500
8080	1974	5.000
8086	1978	29.000
286	1982	120.000
386™	1985	275.000
486™ DX	1989	1.180.000
Pentium®	1993	3.100.000
Pentium II	1997	7.500.000
Pentium III	1999	24.000.000
Pentium 4	2000	42.000.000

Tabela 2: Evolução do número de transistores

---

1 http://www.intel.com/research/silicon/mooreslaw.htm

A velocidade dos processadores vem aumentando continuamente, mas tem se tornado cada vez mais difícil manter o mesmo ritmo de evolução. Há alguns anos vem sendo dito que o limite físico para a miniaturização dos processadores baseados em transistores de silício está sendo atingido, mas o esforço de desenvolvimento tecnológico vem empurrando esse limite sempre para um pouco mais adiante. É certo no entanto que o limite existe, e que em breve deverá ser atingido fazendo que a velocidade dos processadores baseados na tecnologia atual alcance um patamar máximo.

Diante do limite imposto pelo aumento da velocidade dos processadores individuais, a solução encontrada tem sido o aumento do número de processadores, aumentando a velocidade do supercomputador pelo uso de processamento paralelo massivo. Tal abordagem permite o uso de um grande número de processadores de uso genérico, como os que equipam os PCs usuais, barateando o custo total do equipamento. Esses processadores podem ser tanto agrupados em um único computador como pertencer a diversos computadores individuais trabalhando em conjunto. A este aglomerado de computadores dá-se o nome de *cluster*.

A Universidade Mannheim, da Alemanha, a Universidade do Tennessee e o NERSC/LBNL, dos Estados Unidos, publicam duas vezes por ano a lista dos quinhentos principais supercomputadores do mundo,[2] ordenados pelo número máximo de Flops alcançado para determinado problema (R_{max}). Os cinco primeiros colocados são apresentados na Tabela 3. Podemos observar que entre eles se encontram dois *clusters*, com 8.192 e 2.304 computadores.

---

2 http://www.tgc.com/hpcwire/top500/top500.html

Fabricante/Processadores	R_{max}	Local	Computadores
1 NEC Earth-Simulator/ 5120	35.860	Earth Simulator Center[3] Japão/2002	NEC Vector SX6
2 Hewlett-Packard ASCI Q – Alpha Server SC ES45/1.25 GHz/ 8192	13.880	Los Alamos National Laboratory[4] EUA/2002	Compaq AlphaServer Al.Se.-Cluster
3 Linux Networx MCR Linux Cluster Xeon 2.4 GHz – Quadrics/ 2304	7.634	Lawrence Livermore National Laboratory[5] EUA/2002	NOW – Intel Pentium NOW Cluster – Intel Pentium –
4 IBM ASCI White, SP Power3 375 MHz/ 8192S	7.304	Lawrence Livermore National Laboratory EUA/2000	IBM SP SP Power3 375 MHz high mode
5 IBM SP Power3 375 MHz 16 way/ 6656	7.304	NERSC/ LBNL[6] EUA/2002	IBM SP SP Power3 375 MHz high node

Tabela 3: Os cinco computadores/clusters mais rápidos (em Gflops)

Os únicos dois computadores instalados no Brasil que fazem parte desta lista são mostrados na Tabela 4.

	Fabricante/ Processadores	R_{max}	Local	Computadores
308	Hewlett-Packard SuperDome/Hyper Plex/ 256	379	Brasil Telecom[7] Brazil/2001	HP SPP SuperDome HyperPlex
473	NEC SX-6/32M4/ 32	254	National Institute for Space Research (INPE) / CPTEC[8] Brazil/2002	NEC Vector SX6

Tabela 4: Os computadores mais rápidos do Brasil

---

3 http://www.es.jamstec.go.jp/
4 http://www.lanl.gov/
5 http://www.llnl.gov/
6 http://www.nersc.gov/
7 http://www.brasiltelecom.com.br/
8 http://www.cptec.inpe.br/

O problema da velocidade de processamento depende não só do equipamento, mas também do tipo de utilização que se pretende dar ao sistema. Se desejarmos que o sistema seja eficiente para lidar simultaneamente com muitos processos independentes, então a solução do uso de um sistema distribuído, formado por um grande número de processadores genéricos, será a mais satisfatória. Por outro lado, para lidar com um problema cujas diversas partes necessitem se comunicar intensivamente umas com as outras, precisamos de uma máquina em que os diversos processadores estejam o mais próximo possível de modo que se minimize o tempo de comunicação. Se, no entanto, o problema que desejamos solucionar não for passível de paralelização, então a velocidade do processamento dependerá apenas da velocidade individual do processador.

Assim, na busca pelo aumento dessa velocidade, o desenvolvimento de processadores especializados foi sendo transferido gradativamente para o desenvolvimento de programas que utilizem eficientemente o paralelismo. O tempo gasto para que os processadores se comuniquem entre si foi sendo transferido para o aumento da velocidade da rede, e o trabalho de fazer os diversos processadores trabalharem em conjunto passou de desenvolvimento de arquitetura da eletrônica do supercomputador para o desenvolvimento da arquitetura que gerencie os programas do sistema distribuído, a arquitetura do *Middleware*.

O fantástico crescimento da capacidade computacional que temos testemunhado também tem ocorrido com a capacidade de armazenamento e com a velocidade de transmissão das redes. Hoje pode-se comprar um computador pessoal que possua um disco rígido com mais de uma centena de gigabytes (GB), o que equivale à capacidade de armazenamento de um supercomputador no começo dos anos 1990. Há indicações de que a capacidade de armazenamento, medida em bits por unidade de área, dobre a cada ano, ou equivalentemente, que o preço do armazenamento fique reduzido à metade nesse período.

Fenômeno semelhante ocorre com o crescimento da velocidade de transmissão de dados. George Gilder[9] sugere que o crescimento da *bandwidth,* ou velocidade de transmissão, é pelo menos três vezes mais rápido que o do poder computacional. Isso quer dizer que hoje a quantidade de informação que se pode transmitir em 1 segundo, por um único cabo, é maior do que aquela transmitida durante um mês inteiro, por toda a Internet, em 1997. Esse aumento dramático foi possível graças às redes de fibra óptica e à tecnologia que permite enviar simultaneamente múltiplos sinais na mesma fibra (multiplexagem).

Apesar de a idéia de Grid não ser nova, apenas agora os desenvolvimentos tecnológicos, aliados ao avanço na pesquisa em tecnologia da informação, podem permitir a implementação bem-sucedida dessa infra-estrutura global. O fato de o aumento da capacidade de transmissão de dados crescer muito mais rápido que o poder computacional leva naturalmente em direção à arquitetura de Grid. Isso faz que seja conveniente utilizar recursos computacionais e de armazenamento de dados geograficamente distantes, fazendo uso de uma transmissão de dados que no futuro será quase instantânea.

Vejamos como as diferentes taxas de crescimento da capacidade de processamento, armazenamento e de transmissão de dados podem afetar significativamente a escolha da melhor forma de implantar uma arquitetura de computação de alto desempenho. Tomemos como exemplo alguns números usualmente aceitos, ou seja, que o poder de processamento dobre a cada 18 meses, que a capacidade de arma-

---

9 http://www.netlingo.com/

zenamento duplique (ou, equivalentemente, seu preço caia pela metade) anualmente e que a melhoria da conexão em rede dobre a cada nove meses. Essa evolução está ilustrada na Figura 2 (note a escala logarítmica). Em um período de dez anos, a capacidade de armazenamento cresce dez vezes mais que a de processamento, e a velocidade de conexão aumenta cem vezes.

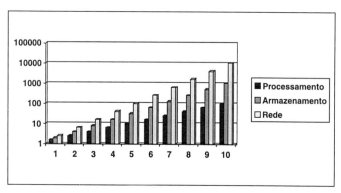

FIGURA 2: TAXA DE CRESCIMENTO DA CAPACIDADE DE PROCESSAMENTO, ARMAZENAMENTO E TRANSMISSÃO DE DADOS EM DEZ ANOS

Isso mostra que pode ser mais conveniente utilizarem-se programas ou bancos de dados que estejam instalados ou disponíveis remotamente do que executá-los localmente.

Na realidade, esse crescimento da velocidade de transmissão pode vir a ser muito maior do que o esperado pelas regras discutidas anteriormente, em virtude do surgimento de novas tecnologias. Para dar um exemplo concreto, tomemos a conexão entre os Estados Unidos e o CERN, maior laboratório europeu de Física de Altas Energias. A evolução da velocidade de transmissão de dados entre eles é apresentada na Tabela 5. Pode-se notar que houve um aumento de aproximadamente um milhão de vezes na velocidade de conexão entre 1985 e 2005.

Tecnologia	Ano	Conexão (bps)
Analógica	1985	9.600
Digital	1989-1994	256.000
Compartilhada	1990-1993	1.500.000
	1996-1998	4.000.000
	1999-2000	20.000.000
	2001-2002	310.000.000
	2002-2003	622.000.000
Lambda	2003-2004	2.500.000.000
	2005	10.000.000.000

Tabela 5: Evolução da velocidade de conexão das redes

Mesmo com todo esse avanço tecnológico, que tem se refletido em um crescimento fantástico da capacidade computacional, é difícil acompanhar a demanda dos cientistas que precisam tratar problemas cada vez mais complexos. Por exemplo, a Física de Altas Energias irá necessitar da capacidade de aproximadamente setenta mil dos computadores pessoais mais modernos a partir de 2007, quando entrará em operação no CERN o Large Hadron Collider (LHC), anel de colisão de prótons. Os experimentos do LHC irão produzir algumas centenas de petabytes (10^{15} bytes) de dados por ano, o que equivale a aproximadamente um milhão dos melhores discos rígidos dos computadores pessoais atuais.

A utilização de recursos computacionais remotos mediante conexões de redes de alta velocidade traz consigo uma série de questões a serem resolvidas. Devem-se criar meios de identificação dos recursos disponíveis e autorização para utilizá-los, bem como estabelecer mecanismos de acesso e administração dos serviços. Esses protocolos vêm sendo desenvolvidos pelas diversas iniciativas de Grid.

A evolução do conceito de Grid

A computação paralela testemunhou um enorme avanço na década de 1980, tanto do ponto de vista de hardware como de software. Nessa mesma época pesquisadores começaram a se unir para abordar problemas que necessitam de computação em larga escala e cuja solução poderia levar a grande desenvolvimento em determinadas áreas.

Nos anos 1990, vários *testbeds* americanos, tais como Aurora, Blanca, Nectar e Casa, foram usados para investigar arquiteturas de redes de alta velocidade e demonstrar a utilidade dessas redes. O objetivo do projeto Aurora era criar uma WAN para testar as tecnologias do National Research and Education Network. O programa Nectar implantou uma rede experimental conectando *hosts* de alto desempenho e o Blanca visava a desenvolver tecnologias para redes gigabit e ferramentas de apoio. O Casa Gigabit Testbed conectava laboratórios de Caltech, San Diego, UCLA e Los Alamos e utilizava os recursos computacionais dessas instituições para executar aplicativos que necessitavam de processamento vetorial e maciçamente paralelo.

Durante a conferência Supercomputing 95 em San Diego, Califórnia, uma demonstração envolvendo 11 redes experimentais em 17 localidades espalhados pelos Estados Unidos e Canadá veio a fazer do Information Wide Area Year (I-WAY) o primeiro exemplo de um Grid. O I-WAY consistia em uma rede ATM conectando supercomputadores, unidades de armazenamento e meios de visualização. A demonstração, liderada pela Universidade de Illinois em Chicago e pelo Argonne National Laboratory dos Estados Unidos, empregou mais de sessenta aplicações e utilizou uma estrutura de software unificado para esses sistemas (I-Soft). O I-Soft foi desenhado para que fosse executado nas máquinas dos Pontos de Presença (I-PoP) dedicados ao I-WAY. Ele fornecia autenticação, fazia a alocação dos recursos, gerava os processos e administrava a comunicação entre os nós.

Com tal iniciativa ficou evidente a diferenciação existente entre computação distribuída e o conceito de Grid. No primeiro caso enfoca-se apenas o problema da separação física, ao passo que o Grid busca também a integração e administração do software. A partir de então houve um grande avanço no desenvolvimento de softwares voltados para essa arquitetura. O Legion,[10] desenvolvido pela Universidade de Virginia, nos Estados Unidos, em 1997, apresenta uma infra-estrutura que permite que sistemas heterogêneos de computadores de alto desempenho, distribuídos em diferentes localidades, possam interagir sem grandes disparidades. O Condor,[11] um software desenvolvido pela Universidade de Wisconsin, Estados Unidos, permite fazer a submissão de programas em unidades de processamento que estejam ociosas. Ele monitora a atividade de todos os componentes do Grid determinando quais deles possuem recursos disponíveis. Essas unidades são então alocadas para processar programas conforme estes são submetidos. Desenvolvido pela Nasa, o Portable Batch System (PBS)[12] administra a submissão dos programas e a quantidade de processos que estão sendo executados nas diferentes unidades.

O Globus[13] é um projeto americano que envolve várias instituições voltadas para a implantação do Grid. Ele visa a fornecer uma infra-estrutura de software que permita que as aplicações enxerguem sistemas heterogêneos e distribuídos como se estes fossem uma única máquina virtual.

O chamado Globus Toolkit define os serviços básicos necessários para a implementação do Grid, que podem ser utilizados pelos usuários para criar suas próprias aplicações. Entre os serviços contidos no Globus Toolkit podemos mencionar o Globus Resource Allocation Manager (GRAM), ferramenta para administrar a alocação dos recursos computacio-

---

10 http://legion.virginia.edu/
11 http://www.cs.wisc.edu/condor/
12 http://www.openpbs.org/
13 http://www.globus.org/

nais, o GridFTP que é responsável pela transferência de arquivos, o Grid Security Infrastructure (GSI) que faz a autenticação e segurança, e o Global Access to Secondary Storage (GASS) que permite o acesso remoto a dados por meio de interfaces seqüenciais e paralelas.

O sucesso do Grid irá requerer a adoção de uma infraestrutura padronizada para criar, endereçar, inspecionar, descobrir e administrar os recursos. O Global Grid Forum (GGF),[14] formado por membros do meio acadêmico e da indústria de mais de cinqüenta países, desempenha o importante papel de estabelecer um padrão para a computação em Grid, criando especificações técnicas e diretrizes a serem implantadas. O GGF já produziu padrões de Grid que estão sendo amplamente utilizados, por exemplo, GridFTP e o GSI.

O GGF vem desenvolvendo o padrão de Arquitetura em Grid de Serviços Abertos (Open Grid Services Architecture – OGSA), que alia as tecnologias de Grid aos serviços da Web como Web Services Description Language (WSDL) e Simple Object Access Protocol (SOAP).

O OGSA define protocolos de comunicação e formatos padrão voltados para a construção de sistemas de larga escala. Essa visão está sendo implementada no Open Grid Services Infrastructure (OGSI), que é um conjunto de especificações WSDL que definem as interfaces-padrão, comportamentos e esquemas consistentes com o OGSA. Em meados de 2003, começou a ser desenvolvido o Web Services Resource Framework (WSRF), que é um aprimoramento dos conceitos do OGSI na direção de melhor compatibilizá-lo com os serviços da Web, levando a uma convergência de ambos os serviços. As características essenciais do OGSI e WSRF são a incorporação de algumas funcionalidades dos serviços da Web que faltavam ser implementadas, tais como a habilidade de criar, inspecionar, descobrir e administrar os filtros de pacotes (*firewalls*).

---

14 http://www.gridforum.org/

Atualmente o Grid tem tomado um caráter global com colaborações sendo estabelecidas entre os Estados Unidos, Europa, Ásia e América Latina. O interesse se expandiu para além da Ciência da Computação e do meio acadêmico e tem chamado a atenção de um número cada vez maior de segmentos da sociedade. Isso tem gerado um maior investimento por parte das agências de fomento à pesquisa e tem propiciado o desenvolvimento de várias áreas correlatas.

Composição do Grid

O Grid é um sistema complexo que envolve a inter-relação de uma série de componentes. Atualmente existe certo consenso acerca dos ingredientes imprescindíveis para compor um sistema em Grid, os quais estão apresentados esquematicamente na Tabela 6. Esses componentes envolvem:

Recursos físicos: representam os computadores e sistema de armazenamento que serão acessados e compartilhados e a respectiva rede de conexão. Incluem também entidades lógicas como protocolos internos e sistema de arquivos distribuídos. Requerem mecanismos para iniciar processos e monitorar sua execução, e para a transferência de arquivos. Devem disponibilizar informações sobre as características do hardware e software e sobre o estado do sistema (carga, filas, espaço em disco, velocidade de conexão);

Serviços: incluem os protocolos de comunicação para troca de dados (transporte, roteamento, DNS), e de autenticação para identificação segura e criptografada de usuários e recursos. Incluem protocolos para negociação, monitoramento e controle das operações compartilhadas em um dado recurso físico. Os protocolos de administração negociam o acesso aos recursos compartilhados e de informação que são usados para obter dados sobre a estrutura e o estado de determinado recurso. Esses protocolos devem ser implementados em todos os nós;

Aplicações	Aplicações
	Aplicações específicas de uma comunidade de usuários
Infra-estrutura	**Linguagens**
	C++, Java, Python etc.
	Serviços coletivos
	Protocolos e serviços globais referentes a uma coleção de recursos
Serviços	**Serviços comuns**
	Compartilhamento dos recursos em rede, serviços de informação, administração de tarefas remotas, acesso aos processadores, acesso aos dados
	Serviços de comunicação e segurança
	IP, DNS, autenticação, autorização
Físico	**Recursos de administração**
	Interface que exporta a capacidade dos Recursos de Hardware para o Grid
	Recursos de hardware
	Computadores, sistema de armazenamento, instrumentos de visualização, rede

Tabela 6: Estrutura geral do Grid

Infra-estrutura: representa os softwares que transformam o conjunto de máquinas em uma plataforma unificada. Engloba protocolos globais e serviços coletivos específicos de uma comunidade de usuários e conecta aplicações e usuários à infra-estrutura comum do Grid. Os serviços coletivos incluem diretório e alocação de recursos, monitoramento e diagnóstico, réplica de dados, política de acesso etc.;

Aplicações: representam a conexão com o usuário final do Grid. Por exemplo, a análise de eventos produzidos em aceleradores de partículas pelos físicos de altas energias requer ferramentas que desempenhem diversas funções, como obter a autenticação, verificar a disponibilidade de recursos computacionais, obter os dados, solicitar a execução e monitorar o progresso da análise.

Ao buscar a integração dessa variedade de recursos computacionais, alguns problemas têm de ser levados em consideração. Existe a natural diversidade dos hardwares que, em geral, pertencem a domínios distintos (heterogeneidade). O

Middleware, camada de software entre o sistema operacional e as aplicações, é responsável por esconder a natureza heterogênea desses recursos e, ao mesmo tempo, fornecer ao usuário interfaces-padrão para os serviços que são executados nos diferentes hardwares.

Tem de ser levada em conta a possível degradação do desempenho desses recursos quando um número cada vez maior de máquinas passa a ser integrado (escalabilidade). Não devemos esquecer de que a probabilidade de falha do sistema também aumenta quando muitos recursos computacionais interdependentes passam a operar em conjunto.

É claro que um sistema complexo, geograficamente distribuído e multiusuário como o Grid irá requerer uma estrutura de administração sofisticada, capaz de levar em conta o interesse de cada um dos usuários e gerar uma política de compartilhamento e utilização de recursos. Além do mais, ao se tornar um instrumento global, o Grid exigirá que se considerem as diferenças regionais em termos políticos e sociais e a exclusão digital para que alcance um regime de operação estável e confiável.

Outro requisito fundamental para a operação bem-sucedida do Grid é a disponibilidade de uma excelente infra-estrutura de rede. O fato de os recursos computacionais estarem geograficamente distribuídos, às vezes a grandes distâncias, irá exigir uma transferência rápida e eficiente de dados e instruções entre os diferentes centros de processamento. Não faz o menor sentido tentarmos utilizar recursos computacionais que estejam disponíveis remotamente caso o tempo de transferência de informação entre os usuários e esses recursos seja maior do que aquele que se gastaria para o correspondente processamento local. Nesse caso o processamento distribuído deixaria de fazer sentido.

■

4 Aplicações da arquitetura Grid: a Física de Altas Energias

Afinal de contas, para que serve a arquitetura Grid? Quais as aplicações que podem se beneficiar desse novo conceito de computação distribuída? Em primeiro lugar, qualquer aplicação complexa que possa ser dividida em diversas partes menores e independentes. Esses problemas podem ter seu processamento distribuído entre diversos recursos computacionais (Computação Paralela). Exemplos desse tipo de aplicação incluem a análise dos dados gerados nos grandes aceleradores de partículas e os obtidos pela Biologia Molecular.

Outra classe de problemas que pode se beneficiar do Grid é aquela que necessita de acesso e manipulação de uma enorme quantidade de dados e recursos computacionais. Aqui se incluem a Astronomia, Bioinformática, Física de Partículas, Química Combinatorial, Ciências Ambientais, Medicina etc. Questões que requerem várias etapas distintas para serem resolvidas, como aquisição de dados, processamento, simulação, visualização, também podem fazer uso da arquitetura Grid. Nessa classe de problemas estão a Meteorologia, previsões climáticas e simulações atmosféricas.

Para ter uma melhor noção da quantidade de bytes dos dados envolvidos nessas áreas das ciências é importante termos alguns parâmetros em mente. A Tabela 7 mostra a quantidade equivalente de bytes que estaria contida em alguns itens de nossa vida cotidiana.[1] Lembrando que um CD é capaz de armazenar 700 MB de dados, necessitaríamos de aproximadamente um bilhão e 430 milhões de CDs para armazenar 1 EB de dados. Ao empilhar essa quantidade de CDs atingiríamos 1.857 km, ou seja, a altura equivalente a 4.700 Pães de Açúcar ou 210 montes Everest. Se colocados lado a lado, esses CDs seriam suficientes para dar mais de quatro voltas ao redor da Terra.

1 caractere (letra, número etc.)	1 byte
1/2 página datilografada	1 KB (kilobyte) = 10^3 bytes
1 livro	1 MB (megabyte) = 10^6 bytes
1 sinfonia em alta fidelidade	1 GB (gigabyte) = 10^9 bytes
1/20 da biblioteca do Congresso Americano	1 TB (terabyte) = 10^{12} bytes
1/10 de toda informação contida na Web	1 PB (petabyte) = 10^{15} bytes
1/5 de toda informação gerada em 2002 no mundo sob forma magnética (92%), filme (7%), papel (0,03%) e óptica (0,002%)	1 EB (exabyte) = 10^{18} bytes

Tabela 7: Exemplos intuitivos da quantidade de bytes

Atualmente, os maiores bancos de dados comerciais existentes atingem no máximo 100 TB. No entanto, com a entrada em operação do novo acelerador de partículas do CERN, serão gerados vários PB de dados por ano. Por volta de 2015 esses experimentos deverão ter gerado por volta de 1 EB de dados.

Explorando o interior da matéria: a teoria

A Física das Partículas Elementares, ou Física de Altas Energias como é conhecida hoje, tem por objetivo desvendar a

---

1   http://www.sims.berkeley.edu/research/projects/how-much-info-2003/

estrutura mais íntima da matéria, determinando quais são seus constituintes e como eles interagem entre si. Apesar de tratar de dimensões extremamente reduzidas, em geral mil vezes menores que o núcleo atômico, as descobertas nessa área têm importantes reflexos em muitos outros setores da ciência e da tecnologia. A Física de Altas Energias é responsável, direta ou indiretamente, por uma série de importantes avanços tecnológicos. A World Wide Web foi originalmente desenvolvida pelos físicos de Altas Energias do CERN que buscavam uma forma eficiente de compartilhar dados e informações entre parceiros situados em diferentes países. O tratamento do câncer com feixes de partículas e a construção de magnetos supercondutores que permitiram o desenvolvimento dos aparelhos de ressonância magnética foram importantes contribuições para a área da saúde. Ela também tem participado do desenvolvimento de circuitos integrados avançados e de instrumentos de aquisição e processamento de dados, utilizando técnicas e aparatos inovadores, alguns que posteriormente vieram a ser amplamente utilizados.

Apesar de toda a matéria que conhecemos, das bactérias às estrelas, ser formada apenas por prótons, nêutrons e elétrons, existem muitas outras partículas que desempenham importante papel na natureza mas cuja existência não é tão evidente. O século XX presenciou a descoberta de uma grande quantidade de novas partículas e viu também serem desenhadas as teorias que regem o mundo subatômico. Durante esse século foi confirmada a existência dos neutrinos, partículas extremamente leves que desempenham importante papel nos processos nucleares que levam as estrelas a brilhar. Encontraram-se partículas com características muito similares às dos elétrons, mas muito mais pesadas: os múons e taus. Verificou-se também que prótons e nêutrons não são na realidade partículas elementares, mas possuem estrutura interna complexa. Eles são compostos de partículas menores,

DA INTERNET AO GRID

denominadas quarks. Além dos dois tipos de quarks que compõem os prótons e nêutrons, o up e o down, existem mais quatro partículas que se encaixam nessa categoria, os quarks strange, charm, bottom e top. O quark *top* é aproximadamente 190 vezes mais pesado que o próton e foi descoberto em 1995 no Fermilab, Estados Unidos.

A física proporcionou um grande avanço na compreensão das forças que atuam na natureza. A força gravitacional, descrita por Newton no século XVII, determina o comportamento da matéria a longas distâncias mas tem pouca relevância na escala subatômica. A interação eletromagnética, cujas propriedades já eram bem descritas no século XIX pelas equações de Maxwell, é essencial para a descrição do comportamento de átomos e moléculas. No entanto, em escalas menores, duas forças descobertas apenas no século XX desempenham um papel fundamental: as chamadas forças forte e fraca. Hoje temos um modelo que descreve com grande precisão a dinâmica dessas interações e como as partículas se comportam sob sua influência. O modelo-padrão das interações fortes, fracas e eletromagnéticas prediz a existência de novas partículas responsáveis por transmitir os efeitos dessas interações. A interação forte é intermediada pelos *glúons*, partículas sem massa que permanecem confinadas dentro de prótons, nêutrons e demais partículas que interagem fortemente. A interação fraca é devida à troca de novas partículas pesadas chamadas de W e Z. Essas partículas foram detectadas teoricamente na década de 1960 e foram observadas experimentalmente pela primeira vez no CERN, em 1982. A formulação do modelo-padrão das interações fundamentais e sua posterior comprovação experimental foram dos mais importantes avanços científicos do último século.

No entanto, a história não está terminada. Há vários desafios pela frente, diversas questões a serem respondidas. Por exemplo, o bóson de Higgs, partícula sem spin que é detectada pelo modelo-padrão das interações fundamentais e seria a responsável pelo fato de as partículas elementares possuírem massa. Apesar de ser uma peça essencial nesse quebra-cabeça, até o momento não temos nenhuma evidência experimental direta de sua existência. Descobrir o bóson de Higgs continua sendo o maior desafio dos atuais aceleradores de partículas.

Há vários modelos formulados mais recentemente que predizem a existência de novas partículas e interações, cuja descoberta poderá exigir uma reformulação profunda de nossa visão sobre a matéria. A teoria das Supercordas descreve de forma unificada todas as partículas conhecidas, associando cada uma delas a diferentes estados de vibração de uma corda. Essas teorias têm grande elegância matemática mas ainda carecem de comprovação experimental. Apesar de as cordas possuírem uma dimensão física muito pequena, o que impede que sejam observadas diretamente, existem algumas predições da teoria que poderiam ser testadas experimentalmente. As teorias predizem, por exemplo, novas dimensões espaciais, além das três conhecidas. Se essas dimensões extras forem mensuráveis, aceleradores de partículas poderão detectar seus efeitos físicos.

Finalmente, vale a pena ressaltar que a investigação das partículas elementares tem um alcance muito maior do que a investigação da microescala do universo. Ela também tem importante contribuição a dar ao estudo do cosmos, ou da macroescala do universo. Os aceleradores de partículas são capazes de reproduzir, sob condições laboratoriais cuidadosamente controladas, alguns dos eventos que ocorreram nos primeiros segundos da formação do universo, imediatamente após o "Big-Bang".

A *priori,* igual quantidade de matéria e de antimatéria deveria ter sido criada no início do universo. No entanto, a quantidade de matéria no universo atual é muito maior do que a de antimatéria. Essa desproporção só é explicada pelas leis que governam o mundo subatômico das partículas elementares aliadas a uma expansão rápida do universo.

Outra questão que tem desafiado os físicos há vários anos é a chamada "matéria escura", cuja existência é necessária para explicar a formação de macroestruturas no universo, como galáxias e superaglomerados. A evidência da existência de "matéria escura" vem, por exemplo, do estudo da rotação das galáxias, que mostra que elas possuem muito mais massa do que aquela contida na estrelas que as compõem. Segundo observações astrofísicas e cosmológicas, aproximadamente 25% do universo seria constituído de "matéria escura". Uma das hipóteses mais plausíveis para a composição dessa "matéria escura" seria a existência de partículas supersimétricas, dedectadas teoricamente mas cuja evidência experimental ainda não foi obtida.

Mais detalhes sobre o mundo das Partículas Elementares podem ser encontrados no site "Aventura das Partículas".[2]

Acelerando as partículas

Ernest Rutherford, em 1911, realizou um experimento no qual partículas alfa incidiam sobre folhas finas de ouro, empregando um método pioneiro que veio a se tornar amplamente utilizado na investigação da matéria. Colidindo partículas a altíssimas energias e examinando cuidadosamente o resultado dessa reação é possível inferir suas propriedades, do que são constituídas e quais as leis subjacentes que as governam.

Na época de Rutherford ainda não existiam aceleradores, e o feixe de partículas alfa, núcleo de hélio constituído por dois prótons e dois nêutrons, era obtido por decaimento

---

2 http://www.aventuradasparticulas.ift.unesp.br/

radiativo de elementos pesados e tinha energia bastante baixa. Somente em 1932, Sir John Douglas Cockcroft e Ernest Thomas Sinton Walton, da Universidade de Cambridge, na Inglaterra, conseguiram pela primeira vez acelerar íons (prótons) artificialmente até uma energia de 700 keV ou 700.000 eV. O elétron-Volt (eV) é a unidade de energia utilizada como base nas medidas de processos moleculares (eV), atômicos ($keV = 10^3$ eV), nucleares ($MeV = 10^6$ eV), e de processos envolvendo partículas elementares ($GeV = 10^9$ eV ou $TeV = 10^{12}$ eV). Um elétron-Volt é a energia adquirida por um elétron quando acelerado por uma diferença de potencial de um volt.

Hoje, aceleradores de partículas são capazes de fornecer energias cem mil vezes maiores que aquelas dos decaimentos radiativos. O aumento da energia das colisões é essencial para penetrarmos mais profundamente na matéria e termos acesso a dimensões espaciais cada vez menores. Para ter uma idéia aproximada de quanta energia (em elétron-volts) precisamos para explorar determinada distância (em metros), devemos tomar o inverso desse valor multiplicado por um milhão ou 10^6. Assim, necessitamos de $1/(10^{-10} \times 10^6) = 10^4$ eV para explorar o mundo atômico, que tem uma distância característica de cerca de 10^{-10} m. Já para investigar o próton é necessário examinar distâncias menores que o seu raio, que é de aproximadamente 10^{-15} m. Para isso, necessitaremos de uma energia maior que $1/(10^{-15} \times 10^6) = 10^9$ eV = 1 GeV.

Além disso, o aumento da energia também é requisito necessário para a criação de novas partículas que não poderiam ser produzidas a energias mais baixas. Lembremos que a famosa fórmula de Einstein, $E = mc^2$, reflete exatamente o fato de a energia (E) poder ser "transformada" em massa (m), e vice-versa, com um fator de conversão igual ao quadrado da velocidade da luz (c). Em termos práticos, se as partículas

DA INTERNET AO GRID

que colidem possuírem energia suficiente, poderão dar origem a novas partículas muito mais pesadas que elas mesmas.

A maioria das descobertas feitas nessa área durante o último século apenas se tornou possível graças à construção de aceleradores de partículas cada vez maiores e mais sofisticados. Atualmente, aceleradores de partículas são os maiores e mais complexos instrumentos de investigação científica. Nesses aparatos, partículas carregadas e estáveis como prótons e elétrons são injetadas em tubos mantidos a alto vácuo. Campos elétricos e magnéticos são utilizados para acelerar essas partículas e mantê-las em órbitas circulares. Viajando em direções opostas, esses feixes colidem na região onde se situam os detectores.

Os feixes são formados por grupos contendo aproximadamente 10^{11} partículas e viajando à velocidade da luz. Vale lembrar que um próton com 1 TeV de energia viaja a 99,999956% da velocidade da luz. Esses grupos de partículas devem ser mantidos o mais denso possível para aumentar as chances de que essas partículas colidam ao se cruzarem com os grupos vindos em direção contrária. Tipicamente, esses feixés tem a espessura de um fio de cabelo.

O maior acelerador de partículas em operação – o Tevatron – está situado no Fermi National Accelerator Laboratory (Fermilab) nos Estados Unidos. Localizado nas proximidades de Chicago, o Fermilab foi fundado em 1967 pelo vencedor do Prêmio Nobel, Robert Wilson, e desde então é operado com verba do Departamento de Energia (DOE) dos Estados Unidos. Ele tem um orçamento de aproximadamente US$ 300 milhões de dólares anuais, sendo responsável por 40% de todos os gastos americanos com a área de Física de Altas Energias.

O anel de colisão Tevatron do Fermilab, cuja vista aérea é apresentada na Figura 3, possui 6,3 km de circunferência e colide prótons contra antiprótons a uma energia de 2 TeV, ou seja, 2×10^{12} eV. As partículas completam o percurso do acelerador cinqüenta mil vezes por segundo dando origem a três milhões de colisões por segundo. Para atingir essa energia, o acelerador utiliza mais de mil magnetos supercondutores que são resfriados a uma temperatura de -270° C pelo maior sistema de resfriamento por hélio líquido jamais construído.

FIGURA 3: VISTA AÉREA DO TEVATRON (FOTÓGRAFO: REIDAR HAHN, FONTE: HTTP://VMSFMP2.FNAL.GOV)

Para atingir a energia final de colisão de 2 TeV, próton e antipróton têm de passar por diversos estágios de aceleração em que a energia é gradualmente aumentada. Um acelerador tipo Cockcroft-Walton é responsável pelo primeiro estágio de aceleração. Nesse dispositivo, é adicionado um elétron extra aos átomos de hidrogênio, fazendo que eles se tornem eletricamente carregados. Estes íons são acelerados até 750 keV, entrando a seguir em um acelerador linear (*Linac*) no qual um campo elétrico eleva sua energia para 400 MeV.

Antes de atingir o próximo estágio de aceleração, chamado de impulsionador (*Booster*), o hidrogênio ionizado atravessa uma folha de carbono que remove os seus dois elétrons, deixando passar apenas o próton. O *Booster* é um acelerador circular de 170 metros de diâmetro no qual o próton dá mais de vinte mil voltas, sendo continuamente acelerado até atingir 8 GeV. O injetor principal (*Main Injector*) recebe os prótons já arrumados em grupos, sendo capaz de aumentar sua energia para 150 GeV e injetá-los no Tevatron.

Nesse estágio, alguns dos prótons acelerados pelo *Main Injector* são utilizados para produzir antiprótons, suas antipartículas. Ao colidir com um alvo de níquel, esses prótons dão origem a uma grande variedade de partículas, entre elas antiprótons. Essas partículas são então separadas e armazenadas no anel de acumulação. Quando a quantidade de antiprótons é suficiente para gerar o número desejado de colisões próton/antipróton, eles são injetados no *Main Injector*, sendo então acelerados e introduzidos no Tevatron.

Os feixes de prótons e antiprótons circulam em direção oposta até atingir uma energia de 1 TeV. Os feixes são mantidos separados entre si até chegarem na região de colisão, onde estão localizados os detectores. Esse é o chamado modo de operação tipo "anel de colisão" (*Collider*). No passado, o Fermilab possuía experimentos de "alvo fixo". Nesse caso, feixes de prótons podiam ser extraídos do Tevatron, sendo direcionado para a área onde se encontravam os alvos e os detectores.

Examinando o mundo subatômico

O Tevatron conta com os detectores CDF e DZero que são capazes de observar os mais variados eventos ligados à Física de Altas Energias. O detector DZero (ver Figura 4) é uma estrutura de cinco andares de altura e 20 metros de comprimento. Ele pesa mais de 5 mil toneladas e possui cerca de oitocentos mil canais de eletrônica para coleta de dados. Esses dados são levados através de mais de 1.500 km de cabos até o local onde serão analisados e armazenados. A colaboração internacional que participa do experimento é formada por mais de 650 físicos pertencentes a 74 instituições de 19 diferentes países.

FIGURA 4: MEMBROS DA COLABORAÇÃO INTERNACIONAL DZERO JUNTO AO SEU DETECTOR NO FERMILAB.

O detector é formado por um conjunto de subdetectores que têm a função de identificar as características das partículas produzidas na colisão próton/antipróton. Ele é constituído por uma série de aparatos que são montados em camadas em torno do ponto de colisão, com funcionalidades distintas.

Na região mais próxima ao feixe são colocados os detectores de silício com a função de identificar a exata posição em que ocorreu a interação. Quando uma partícula produzida na colisão atravessa as pequenas pastilhas de silício, ela arranca elétrons que acabam gerando um impulso elétrico. Com base na análise desses impulsos é possível reconstruir a trajetória das partículas.

DA INTERNET AO GRID

Após passarem pelo detector central, as partículas penetram nos calorímetros, cuja função é medir a energia das partículas. Ao atravessar o calorímetro, elas perdem energia em colisões sucessivas com os átomos do material de alta densidade que compõe esses detectores. A energia depositada nesse processo gera pulsos de luz que são coletados e transformados em sinal eletrônico. A intensidade desses sinais é proporcional à energia da partícula que entrou no calorímetro.

Praticamente todas as partículas são barradas ao passar pelos calorímetros eletromagnético e hadrônico. No entanto, existem duas exceções. Uma delas são os múons que, por serem pesados e demorarem para decair, são capazes de atravessar grande quantidade de matéria sem serem absorvidos. Essas partículas são identificadas por placas cintiladoras, colocadas após os calorímetros, que formam o detector de múons.

Outra partícula que ignora a existência dos calorímetros são os neutrinos. Essas partículas superpenetrantes são capazes de atravessar a Terra sem sofrer uma única interação, sendo extremamente difíceis de ser detectadas. Em um detector como o DZero, a passagem dessas partículas pode ser inferida apenas pelo balanço energético da reação. Como elas carregam uma quantidade de energia determinada, o balanceamento da reação acusa a falta dessa energia.

Entre os subdetectores do DZero encontra-se o Forward Proton Detector (Detector de Prótons Frontais) que foi desenvolvido pelo grupo brasileiro e construído no Laboratório Nacional de Luz Síncrotron (LNSL), em Campinas. Ele foi instalado junto à linha de feixe do acelerador e possibilita a detecção de partículas espalhadas a pequenos ângulos. O estudo dessas partículas permite a investigação da difração a altas energias, um fenômeno ainda mal conhecido tanto teórica quanto experimentalmente.

A eletrônica envolvida na aquisição de dados é extremamente complexa. O sinal produzido pela passagem da partícula por determinado detector deve ser amplificado e digitalizado, ou seja, convertido para um formato que possibilite ser processado pelos diversos sistemas digitais. Esse processo exige uma eletrônica especializada que requer até mesmo a construção de *chips* para desempenhar funções específicas.

Em seguida esse sinal passa por diversos filtros que envolvem tanto hardware como software. Apenas um a cada cem mil eventos poderá ser armazenado para ser posteriormente analisado. Esses filtros permitem que se selecionem os eventos de interesse que serão gravados em disco a uma taxa de aproximadamente 20 MB por segundo. A análise desses dados irá requerer também enorme poder computacional. Programas especiais são desenvolvidos pela colaboração para determinar a reconstrução dos eventos.

A forma encontrada pelos físicos de Altas Energias para comparar as predições teóricas com os dados experimentais obtidos nos aceleradores é por meio de simulações computacionais de Monte Carlo. Essas simulações devem levar em conta não apenas os detalhes do modelo teórico no que diz respeito às características das partículas produzidas (carga, massa, energia, momento etc.), mas também devem incluir todas as características do próprio detector. Dessa forma, consegue-se reproduzir exatamente o que ocorre logo após a colisão. A simulação do evento, que leva à produção de milhares de partículas, tem de que incluir todos os efeitos de sua interação com cada uma das partes do detector, levando em conta os sinais deixados ao longo da trajetória das partículas carregadas, assim como a deposição de energia nos detectores sob a forma de chuveiros eletromagnéticos e hadrônicos.

Simulações desse tipo envolvem grande capacidade de processamento. Para ter uma idéia, o resultado de uma única colisão demora cerca de 15 minutos para ser processado em um computador pessoal dos mais modernos. Para obter um resultado com significância estatística é necessário que uma grande quantidade de eventos similares seja simulada.

Desde março de 2001, o DZero coletou informações de mais de 550 milhões de colisões entre prótons e antiprótons. Esses dados são capazes de ocupar cinco pilhas de CDs da altura da torre Eiffel. Até o momento, a capacidade computacional existente no Fermilab é capaz de processar os quatro milhões de eventos produzidos diariamente. No entanto, quando a colaboração DZero tiver de analisar o conjunto completo de dados adquiridos, ela terá que processar mais de 500 TB. A capacidade computacional existente no Fermilab não será suficiente e será necessário utilizar recursos de outras localidades.

É importante que esses dados sejam processados para, por exemplo, melhorar a identificação da trajetória das partículas produzida na colisão. Os dados brutos contêm informação da trajetória na forma de uma grande coleção de pontos desconectados. Para conectar esses pontos corretamente é necessário utilizar sofisticados programas de reconstrução. Em geral, esse processamento deve ser feito mais de uma vez para aprimorar a análise dos dados.

O processamento desses dados envolve a transferência pela rede, em ambas as direções, de um grande volume de informação em uma escala que era simplesmente inconcebível alguns anos atrás. Para transferir os dados das colisões para os demais centros de processamento, a colaboração de DZero utiliza o software Sequential Access Manager (SAM) desenvolvido no Fermilab. Se um pesquisador submete uma tarefa para o sistema remoto de processamento, o SAM automaticamente determina onde estão localizados todos os arquivos necessários para o processamento. Assim, esse sistema é capaz de fornecer grande transparência ao usuário que faz a requisição de uma coleção de dados para executar tarefas de simulação de Monte Carlo, reconstrução ou análise de dados.

Em 2007 entrará em operação o Large Hadron Collider (LHC) do CERN, na Suíça, que passará a ser o maior acelerador de partículas do mundo. Com uma circunferência de 27 km, ele colidirá prótons contra prótons a uma energia de 14 TeV. As dimensões dos detectores pertencentes aos LHC também são impressionantes. O hall que abrigará o detector Atlas tem 2.000 m² de área e 42 m de altura. O detector do CMS tem 12.500 toneladas e está imerso em um campo magnético com intensidade cem mil vezes maior que o campo magnético terrestre. As colaborações do LHC envolvem um número enorme de pesquisadores. Por exemplo, o Compact Muon Solenoid (CMS) conta com mais de 2.300 pessoas trabalhando no experimento, vindas de 160 instituições distintas, pertencentes a 36 países.

Dados, dados e mais dados

Colaborações do porte do DZero e do CMS requerem uma excelente interconexão entre os diferentes grupos, além de alta capacidade computacional para processar e analisar a enorme quantidade de dados que será produzida. Para ter uma idéia, o CMS produzirá a cada segundo uma quantidade de dados equivalente à de dez mil Enciclopédias Britânicas.

O acesso, o processamento e a distribuição desse enorme volume de dados trazem consigo uma série de desafios. Será exigido acesso rápido a um total de aproximadamente 1 exabyte (1 EB = 10^{18} bytes) de dados que deverão ser acumulados após os primeiros cinco a oito anos de operação do detector. Esses dados terão de ser acessados de diferentes centros ao redor do mundo mediante recursos computacionais bastante heterogêneos. Isso irá requerer redes regionais, nacionais e continentais eficientes que terão que atingir uma velocidade de transmissão de 1 terabit por segundo.

É interessante analisar mais de perto a capacidade computacional que será necessária para processar os dados produzidos pelos experimentos do LHC. Para tanto podemos utilizar uma medida padrão de desempenho. O SPECint95 é um software desenhado pela Standard Performance Evaluation Corporation, organização que normatiza as medidas de desempenho dos computadores, para comparar o desempenho de diferentes sistemas, levando em conta o processador, a arquitetura de memória e o compilador no que se refere a cálculos intensivos com números inteiros. Para normatizar os resultados foi utilizada a estação SPARCstation 10/40 como referência, à qual foi atribuído o valor de 1 SI95 (SPECint95). Hoje, é interessante tomar como referência um computador mais moderno, por exemplo, um processador Pentium 4 de 2 GHz, que possui um desempenho equivalente a aproximadamente 100 SI95.

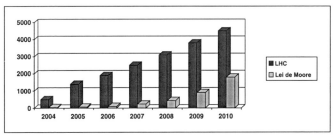

FIGURA 5: CAPACIDADE DE PROCESSAMENTO REQUERIDA PELOS EXPERIMENTOS DO LHC EM MILHARES DE SPECINT95

A Figura 5 apresenta uma estimativa da capacidade de CPU, em milhares de SPECint95, que será requerida pelos experimentos do LHC. Para efeito de comparação apresentamos também a expectativa da Lei de Moore (ver p.57), em que tomamos como ponto de partida o valor 3.500 SI95 em 2000. Espera-se que por volta de 2010 seja necessária a capacidade computacional equivalente a aproximadamente 4.500.000 SI95 ou aproximadamente 45.000 computadores

Pentium 4 de 2 GHz. Notemos que a taxa de crescimento exigida nos próximos anos supera em muito as expectativas da Lei de Moore.

Os experimentos das colaborações do LHC detectarão aproximadamente 10^9 eventos/segundo (1 GHz), gerando cerca de 1 PB/s de dados. O chamado *trigger*, ou gatilho, determina se a informação de um evento deve ser armazenada ou não. O *trigger* de nível 1, formado por equipamentos dedicados a cada subdetector, terá a incumbência de analisar em tempo real esses eventos e reduzir sua freqüência para aproximadamente 75 kHz. O *trigger* de nível 2, constituído por processadores pré-programados, refinará essa filtragem, reduzindo a freqüência de eventos para cerca de 5 kHz. Finalmente, o *trigger* de nível 3, que é constituído por um *cluster* de computadores, determinará o conteúdo físico desses eventos e reduzirá a freqüência para cerca de cem eventos/segundo. Como um todo, o sistema de aquisição de dados desses experimentos enviará o equivalente a 100 MB/s para o sistema de armazenamento de dados.

Estima-se que a análise de dados do CMS irá requerer o poder de processamento equivalente a 70 mil processadores Pentium 4 com 2 GHz. A unidade de processamento que estará localizada no CERN deverá ter o poder equivalente a sete mil PCs e capacidade de armazenamento de 1 PB em disco. Centros regionais espalhados pela Europa, pelas Américas e pela Ásia deverão ser integrados, formando um ambiente único de processamento e armazenagem de dados.

HEP Grid

Esse complexo sistema de computação deverá ser implementado na forma de Grid. Essa estratégia já estava estabelecida desde a proposta técnica do CMS em 1996. O aprimoramento dessas idéias ao longo dos anos levou ao estabelecimento das bases do Grid para Física de Altas Energias ou HEP Grid (HEP é a sigla para High Energy Physics).

O trabalho desenvolvido pelo projeto Models of Networked Analysis at Regional Centers – Monarc[3] a partir de 1998 buscou otimizar a arquitetura dos centros regionais e a distribuição de tarefas entre eles. Esse projeto levou ao conceito de hierarquia de centros regionais como a forma mais eficiente e econômica de disponibilizar o acesso global aos dados e às fontes de processamento.

Os experimentos do LHC resolveram adotar esse modelo hierárquico de Grid proposto pelo projeto Monarc. Nessa arquitetura, esquematizada na Figura 6, após o processamento e a armazenagem iniciais no centro computacional de Nível 0 (*Tier 0*) situado no CERN, os dados processados são distribuídos por uma rede de alta velocidade para os cerca de dez centros nacionais de Nível 1. Em cada um desses centros, os dados são também processados, analisados e distribuídos para os aproximadamente sessenta centros regionais de Nível 2, e assim sucessivamente para as várias unidades de Nível 3 instaladas em instituições acadêmicas.

Existem algumas características bastante particulares dos HEP Grids. Esses Grids devem manipular conjuntos de dados da ordem de vários terabytes pertencentes a bancos de dados contendo vários petabytes. Essa informação deve ser acessada milhares de vezes por dia de várias regiões geograficamente distantes. Físicos em geral trabalham com coleção de objetos em vez de apenas arquivos, e a manipulação desses objetos envolve Database Manage System (DBMS) que é responsável pela organização, armazenamento e recuperação dos dados em um banco de dados. Além disso, as colaborações experimentais desenvolveram ao longo dos anos programas com milhões de linhas de código que têm de ser aproveitados

---

3 http://monarc.web.cern.ch/MONARC/

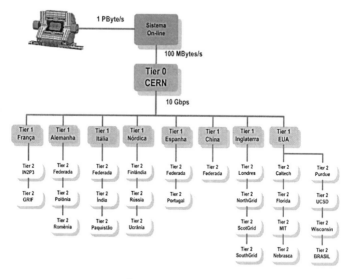

FIGURA 6: ESTRUTURA HIERÁRQUICA DE PROCESSAMENTO DE DADOS ADOTADA PELO EXPERIMENTO CMS DO LHC.

e incorporados à arquitetura global. Os serviços de Grid devem levar em consideração esses pontos e fornecer uma interface eficiente para que essa estrutura já existente possa ser acessada por recursos computacionais heterogêneos por meio de uma rede de longa distância. Dessa forma, a arquitetura do HEP Grids deve conter as seguintes camadas de aplicação:

Códigos: reconstrução física, simulação e análise.

Estrutura de software do experimento: arquitetura que possibilita a interação com as camadas inferiores.

Aplicações de Grid: parâmetros que governam a operação do sistema, política de prioridades e métricas.

Serviços de *sistema end-to-end globais*: monitoram os componentes dos subsistemas, melhoram o desempenho e verificam como os recursos estão sendo utilizados, redirecionando tarefas ou alterando prioridades conforme a necessidade.

Outro ponto essencial para o sucesso do HEP Grid é a existência de redes com alto desempenho para a transferência maciça de até 100 TB de dados, que irá requerer redes com velocidade de 10 Gbps no prazo de aproximadamente cinco anos.

Atualmente, vários projetos abordam diferentes aspectos do HEP Grid. O Particle Physics Data Grid (PPDG)[4] dedica-se aos problemas de infra-estrutura de curto prazo para atender às necessidades dos experimentos atuais e futuros em Altas Energias. Dele participam cientistas da computação e físicos dos principais experimentos de Física Nuclear e de Altas Energias, tais como DZero, BaBar do Stanford Linear Accelerator Center, Star do Brookhaven National Laboratory, ambos nos Estados Unidos, e do Atlas e CMS, experimentos do CERN.

O Grid Physics Network (GriPhyN)[5] vem se dedicando à pesquisa e ao desenvolvimento da arquitetura Grid para experimentos de Astronomia, Física de Partículas e detectores de ondas gravitacionais (Atlas, CMS, Ligo, SDSS). Ele está voltado para a criação de uma estrutura de dados virtuais para o Grid que possa tratar dados na escala de petabyte, permitindo sua disponibilização para uma grande comunidade de pesquisadores geograficamente distribuída.

O International Virtual Data Grid Laboratory (iVDGL)[6] vem promovendo plataformas de testes internacionais para esses experimentos. A missão do projeto é fornecer recursos computacionais para os experimentos. Sua infra-estrutura é baseada no Globus Toolkit e nas ferramentas de administra-

---

4 http://www.ppdg.net/
5 http://www.griphyn.org/
6 http://www.ivdgl.org/

ção fornecidas pelo Condor. A Universidade de Indiana abriga o Centro de Operações do Grid que coordena seu monitoramento, administração e manutenção.

Desde 2002 os três projetos americanos de Grid – PPDG, GriPhyN e iVDGL – têm trabalhado em conjunto como um único consórcio denominado Trillium. Os membros desse consórcio abordam áreas complementares na busca de uma estrutura em Grid para Física de Altas Energias. Uma das mais importantes realizações do consórcio foi o estabelecimento do Grid3.[7] A iniciativa colocou em operação um Grid que vem operando desde outubro de 2003 com um total de 2.800 processadores distribuídos em aproximadamente 27 sites nos Estados Unidos e na Ásia. Esse Grid vem executando aplicativos de áreas tão distintas como Física de Altas Energias (Atlas, CMS, BTeV), pesquisa de ondas gravitacionais (Laser Interferometer Gravitational Wave Observatory – Ligo), astronomia digital (SDSS), Genômica e Biologia Molecular. O software utilizado no Grid2003 é baseado no Virtual Data Toolkit, que inclui o Globus e Condor, além da estrutura de monitoramento Monitoring Agents using a Large Integrated Service Architecture (MonALISA).[8]

Há também diversas iniciativas européias com objetivos similares. O European DataGrid,[9] liderado pelo CERN, envolve a European Space Agency, o CNRS da França, o INFN da Itália, o NIKHEF da Holanda e o PPARC da Inglaterra. O principal objetivo do DataGrid é desenvolver e testar a infra-estrutura que permitirá o compartilhamento de dados e instrumentos entre laboratórios geograficamente distribuídos. A meta é integrar milhares de processadores e unidades de disco, os quais terão milhares de usuários simultâneos trabalhando com muitos petabytes de dados distribuídos.

---

7 http://www.ivdgl.org/grid2003/
8 http://monalisa.cacr.caltech.edu/
9 http://eu-datagrid.web.cern.ch

O LHC Computing Grid (LCG)[10] vem preparando a infra-estrutura computacional para simulação, processamento e análise de dados dos quatro experimentos do LHC: Atlas, CMS, LHCb e Alice. Durante a primeira fase de desenvolvimento do projeto ele deverá implementar uma série de testes envolvendo um número cada vez maior e mais complexo de dados para demonstrar a efetividade dos modelos computacionais e dos softwares que serão empregados pelos experimentos. Esses testes serão fundamentais para garantir que a estabilidade de todo o sistema seja atingida antes de que o LHC comece a produzir dados, por volta de 2007.

O CrossGrid[11] explora aspectos mais amplos de aplicações do Grid, que vão da Física de Altas Energias a previsão do tempo, poluição do ar e visualização de processos cirúrgicos. O projeto visa a estender o alcance do Grid para novas áreas socialmente relevantes.

O Brasil tem acompanhado os recentes avanços do Grid de Altas Energias. A implantação do HEP Grid-Brazil foi uma iniciativa do professor Alberto Santoro, da Universidade do Estado do Rio de Janeiro, coordenador do grupo brasileiro de Física Experimental de Altas Energias que participa dos experimentos DZero e CMS.

O recém-criado Centro Regional de Análise de São Paulo (Sprace)[12] foi a primeira unidade do HEP Grid-Brazil a entrar em operação, tendo sido implantado por pesquisadores da UNESP com apoio da Fundação de Amparo à Pesquisa do Estado de São Paulo (Fapesp). A operação em tempo real do Sprace pode ser monitorada por meio do Ganglia.[13]

Desde o fim de março de 2004 o Sprace vem processando dados da colaboração DZero em conjunto com as unidades

---

10 http://lcg.web.cern.ch/LCG/
11 http://www.crossgrid.org
12 http://hep.ift.unesp.br/SPRACE/
13 http://sprace.if.usp.br/ganglia/

de processamento de diversas universidades do sul dos Estados Unidos, do México e da Índia, sendo pioneiro nesse tipo de processamento em todo o hemisfério sul. As demais regiões dos Estados Unidos, da Europa e da Coréia integram hoje outro conjunto de unidades de processamento, o SAMGrid. Esses recursos computacionais serão integrados e passarão a formar um único Grid que deverá processar de forma conjunta e distribuída os eventos produzidos no Fermilab pelo experimento DZero. O Sprace deverá em breve ser também incorporado ao Grid2003, iniciativa do consórcio Trillium, que tem servido como base de teste do ambiente de computação com arquitetura Grid.

O centro nacional do HEP Grid está sendo implantado no Rio de Janeiro e contará desde o início com 160 processadores. Ele deverá se integrar ao LCG do CERN, que irá processar os dados produzidos pelo LHC.

■

5 Outras aplicações

SETI@Home

Apesar de não se constituir em um sistema com arquitetura de Grid propriamente dita, o SETI@Home tornou-se um marco na computação distribuída, tornando-se o mais conhecido projeto de processamento distribuído pela Internet. Seu rápido crescimento mostrou a possibilidade de superar o poder de processamento do maior dos supercomputadores por meio da associação de uma grande quantidade de recursos muito mais modestos.

Em 1999, a Universidade da Califórnia, em Berkeley, começou a operar um projeto para investigar a existência de vida extraterrestre. O Search for Extraterrestrial Intelligence at Home (SETI@home) (ou Busca por Inteligência Extraterrestre em Casa)[1] utiliza os dados coletados pelo radiotelescópio de Arecibo, em Porto Rico, para tentar identificar padrões que possam sugerir a existência de outras formas de vida no Universo. Os 35 GB de dados produzidos diaria-

---

1 http://setiathome.ssl.berkeley.edu/

mente em Arecibo são transferidos por fita para Berkeley, onde são divididos em porções de 0,25 MB.

Sob a forma de um protetor de tela (*screen saver*), o SETI@home aproveita o tempo em que os computadores pessoais estão inativos para transmitir parte dos dados pela Internet, processá-los e devolvê-los para o banco de dados central em Berkeley. São varridas freqüências contidas em uma banda de 2,5 MHz em torno de 1.420 MHz, já que essa região do espectro, correspondente à linha de 21 cm do hidrogênio, é relativamente livre de interferências naturais e artificiais. Portanto, haveria mais chances de que essa freqüência fosse utilizada para transmissão intencional de um sinal através do espaço.

O programa executa uma Transformada de Fourier dos dados, buscando sinais particularmente intensos em diversas combinações de freqüências, removendo os efeitos da aceleração Doppler.

Projetos desse tipo são muito sensíveis à qualidade de conexão entre os nós e são úteis para projetos bastante específicos que possam ser divididos em muitas partes essencialmente independentes entre si. Atualmente, o projeto conta com quase cinco milhões de usuários, tendo processado o equivalente a quase dois milhões de anos de tempo de CPU (um ano de CPU é equivalente a um computador processando continuamente por um ano).

SETI@home inspirou outros projetos privados e comerciais. A investigação do enovelamento (*folding*) de proteínas e doenças associadas pela Folding@home[2] e a pesquisa para a cura do antraz pela United Devices[3] são exemplos de projetos que se beneficiaram desse formato de computação distribuída introduzido pelo SETI@home.

---

2 http://www.stanford.edu/group/pandegroup/folding/
3 http://www.ud.com

Bioinformática: genômica e proteômica

A bioinformática tem sua origem nos anos 1990 quando o Projeto Genoma iniciou seu caminho para mapear os genes humanos. Nesse momento os biólogos se defrontaram com um objeto extremamente complexo para ser desvendado.

O ácido desoxirribonucléico (DNA) é responsável pelo fornecimento das instruções de funcionamento das células. Ele é sempre composto de quatro bases químicas (adenina, timina, citosina e guanina). A seqüência na qual as bases químicas (A, T, C e G) são organizadas no DNA é de extrema importância, já que ela determina o tipo de organismo. O DNA no genoma humano é organizado em 23 pares de cromossomos, os quais contêm de cinqüenta a 250 milhões de pares de bases.

Os genes carregam toda a informação para produzir as proteínas exigidas pelo organismo e são responsáveis pelas características hereditárias do ser humano. Os genes representam apenas 2% do genoma humano. Os demais 98% não contêm o código genético mas são responsáveis pela preservação da integridade do cromossomo e pela administração da produção de proteínas.

O Projeto Genoma Humano, que durou 13 anos e terminou em abril de 2003, teve como objetivo identificar os trinta mil genes do DNA humano, determinar a seqüência de três bilhões de pares de bases químicas, armazenar toda a informação obtida e desenvolver ferramentas para a análise desses dados.

Para realizar o seqüenciamento do genoma, em primeiro lugar os cromossomos são subdivididos em pedaços menores. Esses pedaços são usados como modelos para gerar outros fragmentos que diferem em apenas uma base, a qual será posteriormente identificada. Esses fragmentos são separados para que seja possível identificar a base que se encontra no final do fragmento. Esse processo é capaz de estabelecer a seqüência completa de bases A, T, C e G do primeiro pedaço que serviu de modelo. Depois que essas bases são identificadas, seqüências de aproximadamente quinhentas bases são organizadas pelos computadores. O resultado desse seqüenciamento é armazenado em um banco de dados público que é disponibilizado para o restante do mundo.

Toda essa informação pode ser utilizada para trazer uma série de benefícios para os indivíduos e para sociedade. Desde facilitar o diagnóstico de doenças e contribuir para a fabricação de novos medicamentos mais eficientes, até a terapia genética em que genes normais podem vir a substituir os defeituosos. Isso sem falar nas contribuições a outros ramos da ciência, tais como a Arqueologia e a Antropologia, fornecendo dados para o estudo de mutações e determinação da migração humana. A identificação do DNA passou a ter uma série de aplicações que vêm se tornando cotidianas como a identificação de paternidade, identificação de cadáveres em grandes catástrofes ou a ajuda na elucidação de crimes.

O Brasil participou ativamente dos avanços científicos nessa área graças ao Projeto Genoma patrocinado pela Fapesp. Um dos principais objetivos do projeto era fornecer o treinamento a jovens pesquisadores em áreas de fronteira como Biologia Molecular, Biotecnologia e Bioinformática. O programa iniciou-se em 1997 com o estabelecimento de uma rede de laboratórios e com o seqüenciamento da bactéria *Xylella Fastidiosa*, que afeta os laranjais brasileiros causando a doença do amarelinho. Seguiram-se vários outros projetos de seqüenciamento genético como o da *Xanthomonas*, que causa o cancro cítrico, e o da cana-de-açúcar. O projeto também induziu o desenvolvimento de diversas ferramentas de bioinformática.

O sucesso dos programas de seqüenciamento da Fapesp foi evidente. O Brasil tornou-se o primeiro país a fazer o seqüenciamento do genoma de um agente patogênico vegetal. A prestigiosa revista *Nature* dedicou editorial a essa iniciativa, no qual qualificou o programa da Fapesp como "uma conquista não só científica como política", que desmente "o equívoco comum de que somente nações industrializadas têm os meios e recursos humanos treinados necessários para fazer ciência de ponta".

Apesar de grande atenção ter sido dedicada aos genes, são as proteínas que na realidade desempenham as funções vitais e são consideradas os blocos fundamentais da vida. As funções químicas das proteínas são determinadas por sua estrutura tridimensional que faz a distinção dos vinte tipos de aminoácidos e define sua função específica na célula.

A Proteômica é a ciência que estuda a estrutura e propriedade das proteínas. Ela deverá atrair muito da atenção dos cientistas nos próximos anos. A estrutura das proteínas depende da forma em que as cadeias de aminoácidos se dobram no espaço e a maneira em que as proteínas se dobram depende da forma em que os aminoácidos se encontram ligados. Espera-se que com base na determinação da estrutura espacial da proteína seja possível inferir sua função biológica.

Uma proteína típica é constituída de uma cadeia linear de aproximadamente trezentos aminoácidos, escolhidos entre os vinte diferentes tipos existentes. Isso equivale, *a priori*, ao total assombroso de 20^{300} combinações possíveis (equivalente ao número 2 seguido de 390 zeros!). Felizmente, a natureza encarregou-se de reduzir significativamente esse número. Hoje estima-se que haja entre mil e dez mil tipos de proteínas distintas.

A caracterização da estrutura tridimensional das proteínas deve ser feita comparando-se lado a lado todas as cadeias atualmente disponíveis nos bancos de dados. O *Protein Data*

Bank[4] é o repositório mundial para processamento e distribuição dos dados sobre as estruturas tridimensionais de proteínas e ácidos nucléicos. Seus arquivos registram atualmente cerca de 25 mil estruturas. O poder computacional necessário para comparar todo esse material seria equivalente ao trabalho de um PC por aproximadamente 10^{10} segundos, ou dito de outra forma, seria equivalente ao trabalho de mais de 300 PCs durante um ano inteiro, o que é apropriado para ser executado em recursos computacionais em forma de Grid.

A comparação de cada par de estruturas tridimensionais pode ser submetida a processadores distintos, já que se trata de cálculos independentes. Os códigos e algoritmos computacionais utilizados pela Bioinformática podem ser otimizados para serem submetidos ao Grid, aprimorando a escalabilidade do processamento. Portais[5] são implantados para permitir que usuários ao redor do mundo possam submeter suas próprias estruturas protéicas para serem comparadas aos elementos armazenados no banco de dados.

A *Encyclopedia of Life*[6] (Enciclopédia da Vida) é um projeto mundial que foi pensado para catalogar o proteoma completo de cada espécie viva. O projeto vem criando a anotação genômica, ou seja, a atribuição de funções e identificação de padrões em uma seqüência linear de DNA. Essas anotações são armazenadas e relacionadas a outras fontes de dados e podem ser acessadas e visualizadas. A Encyclopedia of Life deverá combinar os conhecimentos de especialistas em manipulação de dados, redes e computação de alto desempenho.

O genoma humano e o estudo das estruturas protéicas são apenas o começo. Das moléculas às células, das células aos órgãos, a complexidade dos sistemas biológicos só tende a

---

4　http://www.pdb.org/
5　https://gridport.npaci.edu
6　http://eol.sdsc.edu/

crescer. A análise desses sistemas continuará sendo um desafio para a arquitetura Grid, que certamente terá muito a contribuir para a saúde da humanidade e para o bem-estar social.

Astronomia: observatórios virtuais

Atualmente, os levantamentos astronômicos são feitos em diversas regiões do espectro eletromagnético (raios gama e raios-X, região óptica, infravermelho e rádio) e produzem uma enorme quantidade de dados. Só para ter uma idéia, uma foto tirada pelo telescópio Hubble ocupa aproximadamente 30 GB. Com os avanços tecnológicos das redes e diminuição de custo para armazenamento de dados, hoje é possível pensar em montar um banco de dados *on-line* com todo esse material coletado.

O mapa de uma região particular do céu é em geral obtido por diversos grupos utilizando diferentes técnicas para gerar uma imagem bidimensional. Essas imagens devem ser manipuladas para que possam ser comparadas ou superpostas. Às vezes é necessário comparar imagens obtidas a diferentes comprimentos de onda (*e.g.*, óptico com infravermelho). Toda essa manipulação é feita pixel a pixel e requer um considerável poder computacional para transformar esse mosaico de informações em um verdadeiro atlas do firmamento.

Existem também projetos que se preocupam em buscar mudanças bruscas que possam ocorrer no céu. Isso é importante, por exemplo, para prever a aproximação de asteróides que possam se chocar contra a Terra. O projeto Near-Earth Asteroid Tracking[7] utiliza dados do Maui Space Surveillance Site, do Havaí e do Observatório de Monte Palomar com essa finalidade. Já o projeto *Quest*[8] é responsável pelo mo-

---

7   http://neat.jpl.nasa.gov
8   http://hepwww.physics.yale.edu/www_info/astro/quest.html

nitoramento de objetos mais distantes como supernovas, *gamma-ray bursts*, ou lentes gravitacionais transitórias. No caso do projeto Quest, 50 GB de dados são produzidos em uma única noite de observação. Esses dados têm de ser prontamente processados e comparados com as imagens obtidas anteriormente daquela mesma porção do céu.

Atualmente, as bases de dados em astronomia contam com uma enorme quantidade de dados armazenados. Além disso, esse número tenderá a crescer rapidamente com a entrada em operação de novos experimentos. O National Virtual Observatory[9] (NVO), dos Estados Unidos, visa a estabelecer padrões para a coleta de todos esses dados astronômicos. Dessa forma, os dados de diferentes experimentos que mapeiam o firmamento podem ser comparados, visualizados e analisados em busca de novas descobertas.

O volume de dados produzido chega hoje a aproximadamente 500 TB por ano em imagens que devem ser armazenadas e disponibilizadas para todos os pesquisadores da área. A partir de 2008, o Large Synoptic Survey Telescope deverá produzir mais de 10 PB por ano. Utilizando a tecnologia do Grid, os dados de mapeamento do céu são organizados, filtrados e armazenados para serem posteriormente analisados. O NVO utilizará a capacidade de processamento do Tera-Grid[10] para reduzir significativamente o tempo gasto com o processamento desses dados. Com projetos europeus, tais como Astronomical Virtual Observatory[11] e AstroGrid,[12] há planos de disponibilizar também para os educadores as informações colhidas.

---

9 http://www.us-vo.org/
10 http://www.teragrid.org/
11 http://www.euro-vo.org/
12 http://www.astrogrid.ac.uk

Química combinatória:
novas moléculas e novos materiais

A Química Combinatória[13] tem por objetivo sintetizar simultaneamente um grande número de compostos análogos. A coleção dessas misturas é conhecida como biblioteca combinatória. Existem várias técnicas para gerar essas bibliotecas, como método matricial e a técnica de mistura e separação (*Mix and Split*). Nesse último caso, um suporte sólido, constituído geralmente por uma cadeia de polímeros, é dividido em partes iguais e associado a reagentes distintos, digamos A_1, A_2 e A_3. Após essa reação temos três cadeias distintas de polímeros associadas aos diferentes reagentes. Em seguida essas partes são combinadas, misturadas e voltam a ser divididas em partes iguais. É então realizada a reação de cada uma das partes com novos reagentes distintos, por exemplo, B_1, B_2 e B_3, de forma análoga ao que foi feito na primeira fase. Isso gera cadeias de polímeros com todas as possíveis combinações envolvendo os reagentes [($A_1 B_1$, $A_1 B_2$, $A_1 B_3$), ($A_2 B_1$, $A_2 B_2$, $A_2 B_3$), ($A_3 B_1$, $A_3 B_2$, $A_3 B_3$)]. Cada uma das três misturas, contendo três compostos sintetizados, pode ser analisada para determinar suas características mecânicas, termodinâmicas, eletromagnéticas, ópticas, químicas e biológicas. O processo pode ser repetido n vezes dando origem a 3^n compostos distintos após apenas $3 \times n$ reações. Dessa forma, a sintetização de um grande número de novos materiais e substâncias pode ser feita de modo muito mais rápido e barato. Ao ser controlado pelo computador, o processo pode ser gravado em disco e reproduzido.

A Química Combinatória é uma maneira efetiva para síntese industrial e caracterização de materiais. O processo não

---

13 http://quark.qmc.ufsc.br/qmcweb/artigos/combinatoria.html

só leva à produção de novos materiais, mas também fornece uma enorme quantidade de dados sobre esses materiais. Quanto mais informação estiver acessível, mais rápido poderão ser identificadas novas estruturas moleculares que possuam as propriedades desejadas. Um desafio para a Química Combinatória é encontrar mecanismos que permitam compartilhar os dados em uma escala global, maximizando a quantidade de informações disponíveis, permitindo a análise do enorme volume de dados. Esse papel pode ser desempenhado por uma arquitetura Grid.

O projeto Exploring Chemical Structure (ECSES), criado pela Universidade de Southampton, reúne vários bancos de dados de estruturas cristalinas, além de ferramentas de visualização e análise geograficamente distribuídas. O ECSES permite explorar a estrutura molecular de determinado material pela cristalografia de raio-X. A estrutura molecular é armazenada em um banco de dados associado ao Grid. Aplicativos fornecidos pelo Cambridge Crystallographic Data *Centre* permitem a análise e visualização dos dados. A análise envolve a busca de compostos com estruturas moleculares semelhantes buscando identificar os candidatos que possuam as características desejadas. A utilização da arquitetura Grid evita que todos os dados referentes às estruturas moleculares tenham de ser transferidos. O Grid permite que os cálculos sejam feitos em recursos computacionais distantes com acesso mais fácil ao banco de dados. Desse modo, o processo pode ser expandido para trabalhar com quantidades grandes de dados armazenados em centenas de localidades ao redor do mundo.

Há uma enorme variedade de aplicações que podem se beneficiar dessa aliança entre a Química Combinatória e o Grid. A associação pode promover descobertas mais rápidas e baratas de novos catalisadores, metais, polímeros, materiais orgânicos e inorgânicos. Entre elas podemos citar o desenvolvimento de produtos farmacêuticos e agrícolas, produção de alimentos, fabricação de componentes eletrônicos e nanotecnologia. Por exemplo, o desenvolvimento de novos fármacos envolve o estudo de várias substâncias ativas naturais ou sintetizadas em laboratório. O esforço consome vários anos de pesquisa e o investimento de bilhões de dólares. A Biologia Molecular tem contribuído muito para o processo identificando novos receptores e enzimas e desenvolvendo testes rápidos e eficientes para análise desses agentes. Ao mesmo tempo, a Química Combinatória vem sintetizando rapidamente uma grande quantidade de novos compostos para serem testados.

Realidade virtual e imagens médicas

Simulações numéricas utilizam a potencialidade de computadores de alto desempenho para criar um mundo artificial no qual os experimentos são realizados sem levar em conta os vínculos de espaço ou tempo. Essas simulações podem ser acopladas às tecnologias de realidade virtual para que o resultado numérico da simulação possa ser efetivamente visualizado. Assim, estruturas moleculares, condições climáticas, a passagem de uma partícula por um detector ou a colisão de galáxias tomam forma por meio dessas simulações numéricas. Mais do que isso, a realidade virtual permite ao usuário interagir com o sistema que está sendo simulado. As simulações desempenham papel fundamental, que pode afetar nosso cotidiano. Elas permitem, por exemplo, que eventos climáticos importantes, tais como tornados, possam ser detectados com tempo suficiente, possibilitando a evacuação de locais que seriam potencialmente afetados.

Diagnósticos médicos podem ser também beneficiados. A tomografia computadorizada utiliza um feixe de raios-X acoplado a uma série de detectores que recebem a radiação que transpassa o paciente. Esse conjunto é capaz de obter a imagem de diversos ângulos distintos. As imagens planas obtidas podem ser tratadas de forma que reconstruam a imagem tridimensional do objeto que está sendo investigado. As imagens são geradas a uma velocidade impressionante, dando origem a uma enorme quantidade de dados.

No entanto, o raio-X não é adequado para investigar alguns tipos de tecidos moles. Nesse caso, a imagem por ressonância magnética desempenha importante papel. Ela é baseada na absorção e emissão de energia com freqüência na região de rádio (longos comprimentos de onda) do espectro eletromagnético. O corpo humano é basicamente constituído de água e gordura, fazendo que 63% dele seja composto de átomos de hidrogênio que respondem aos impulsos da radiofreqüência. Muitas vezes esses exames são associados à injeção de contrastes químicos que ressaltam, por exemplo, as células cancerosas dos tecidos normais. Hoje existem aproximadamente dez mil unidades de ressonância magnética espalhadas pelo mundo e mais de 75 milhões de exames desse tipo são feitos anualmente. Cada exame desse tipo gera tipicamente por volta de 20 MB de dados.

A mamografia é um tipo especial de imagem médica que utiliza baixa dose de raios-X para explorar os seios. Ela busca identificar microcalcificações que são um dos primeiros sinais não palpáveis do câncer de mama. A mamografia desempenha um importante papel no diagnóstico precoce dessa doença que atinge um milhão de mulheres a cada ano. Para identificar essas formações de cálcio é importante digitalizar a imagem com a precisão de algumas dezenas de mícrons (10^{-4} cm) gerando uma grande quantidade de dados. Uma única mamografia gera aproximadamente 120 MB de dados. Apesar do grande número de centros capazes de executar esse tipo de exame, o número de radiologistas especializados ainda é pequeno, reduzindo significativamente a taxa de diagnósticos corretos. Outro ponto fundamental para o sucesso desse tipo de exame é a padronização das imagens produzidas, que não devem ser influenciadas pela qualidade do aparelho, tempo de exposição etc.

O projeto MammoGrid[14] tem o objetivo de criar um banco de dados europeu de mamografias que será utilizado para testar o potencial do Grid como ferramenta para os profissionais da área da saúde, principalmente no diagnóstico e tratamento do câncer de mama. Deverão ser atacados os problemas de padronização das imagens no que diz respeito à diversidade de equipamentos e algoritmos de processamento. Será também estudada a variabilidade populacional que afeta os critérios utilizados para triagem e tratamento da doença. O projeto deverá fornecer dados estatisticamente significativos, até mesmo para as variantes mais raras de câncer. Devido ao caráter de segurança envolvido no anonimato de dados médicos, esses bancos de dados envolverão processos de certificação e autenticação do Grid.

O projeto inglês e-Diamond[15] possui objetivos semelhantes. Ele visa a estabelecer métodos automatizados para avaliar a qualidade dos exames com base em um processo de padronização. O banco de dados deverá ser útil para fornecer parâmetros de comparação aos radiologistas e para treinamento de recursos humanos na área.

A mesma abordagem poderá ser utilizada para processar imagens cerebrais através do Positron Emission Tomography (PET), Single Photon Emission Computed Tomography (SPECT), entre outros.

Mais aplicações

Existem vários outros projetos que têm utilizado o ambiente Grid para melhorar o desempenho de suas pesquisas, seus métodos e produtos.

---

14 http://mammogrid.vitamib.com/
15 http://www.e-science.ox.ac.uk/

A Nasa vem desenvolvendo o programa *Information Power Grid*,[16] que emprega a infra-estrutura de Grid para acessar de qualquer local recursos heterogêneos vastamente distribuídos. O programa poderá, por exemplo, auxiliar na redução de acidentes aéreos e do número de casos fatais. Um volume enorme de dados de vôo é continuamente coletado pelos serviços de telemetria dos aeroportos. Os dados, fornecidos pelo monitoramento por radar, podem ser processados, permitindo a avaliação do desempenho da aeronave. Espera-se que o programa leve a uma redução por um fator 5 dos acidentes aéreos já em 2007, alcançando um fator 10 em 2022.

O projeto Distributed Aircraft Maintenance Environment (Dame)[17] visa a coletar e analisar dados referentes aos motores de aeronaves produzidos pela Rolls-Royce. A análise de dados de pressão, temperatura e vibração dos motores permite identificar com antecedência a existência de problemas, evitando assim a necessidade de manutenções freqüentes e dispendiosas. O projeto piloto vem usando a tecnologia de Grid para analisar os vários petabytes de dados gerados.

As aplicações do Grid não param por aí. Ele vem sendo utilizado na modelagem de moléculas para desenvolvimento de novas drogas,[18] estudos neurológicos e análise da atividade cerebral,[19] simulações tridimensionais na microfisiologia celular,[20] simulações da dinâmica geológica, terremotos e seus fenômenos precursores,[21] pesquisas climáticas[22] e desenho de superfícies aerodinâmicas e aeronaves.[23]

■

---

16 http://www.ipg.nasa.gov/
17 http://www.cs.york.ac.uk/dame/
18 http://www.gridbus.org/vlab/, http://www.openmolgrid.org/
19 http://www.gridbus.org/neurogrid/
20 http://www.mcell.cnl.salk.edu/
21 http://www.quakes.uq.edu.au/ACES/, http://www.neesgrid.org/
22 https://www.earthsystemgrid.org
23 http://www.geodise.org/

6 Epílogo:
um desafio para o futuro

O estado em que se encontra o desenvolvimento do Grid atualmente equivale ao estágio em que se encontrava a Web alguns anos atrás. Ainda estão sendo estabelecidos os padrões para a implementação dessa estrutura e seu desenvolvimento tem sido fortemente dependente do meio acadêmico. Somente agora o Grid começa a chamar a atenção da iniciativa privada, que tem começado a vislumbrar seu potencial de aplicação. Se, no entanto, o crescimento do Grid for similar àquele que testemunhamos com a Web, poderemos esperar uma profunda revolução na forma como nos relacionamos com o mundo ao nosso redor. Os benefícios se farão sentir em todos os aspectos da vida cotidiana, como atividades governamentais e serviços, saúde, educação e cultura, meio ambiente e recursos naturais, prevenção de catástrofes e erradicação da fome e da pobreza.

No entanto, há um grande desafio a nossa frente: enfrentar a exclusão digital. O fato de grande parte da população estar alijada do acesso aos meios digitais e à tecnologia da informação e da comunicação tem conseqüências sociais dramáticas. Afeta da educação e a disseminação da informação ao próprio exercício da cidadania. A exclusão digital é capaz de aniquilar a capacidade de um país atingir um nível de desenvolvimento econômico que seja sustentável, aumentando ainda mais a desigualdade social.

Dois trabalhos recentes abordam essa questão e a forma com que ela vem afetando o Brasil. A Fundação Getulio Vargas apresentou em 2003 o "Mapa da exclusão digital"[1] e o Instituto Ethos de Empresas e Responsabilidade Social divulgou o estudo "O que as empresas podem fazer pela inclusão digital".[2]

Segundo os estudos, 12,5% da população brasileira dispõe de computador em casa e apenas 8,3% dela é capaz de acessar a Internet. Quase 43% dos ditos "incluídos" têm menos do que 25 anos e quase 40% deles têm mais do que oito anos de estudo. Como seria de esperar, os domicílios com maiores percentuais de acesso digital estão localizados nas regiões urbanas do Sudeste, sendo que na região metropolitana de São Paulo esse número atinge 31%. Em alguns nichos, como a região da Lagoa, na cidade do Rio de Janeiro, o percentual atinge quase 60%. A desigualdade regional brasileira evidencia-se quando constatamos que em estados como Maranhão, Piauí e Tocantins o número fica abaixo dos 3%. A dimensão da exclusão digital no Brasil é representada em tempo real pelo Relógio da Inclusão Digital,[3] que leva em conta o número de brasileiros com acesso a computadores em seus domicílios em relação às estimativas populacionais do Instituto Brasileiro de Geografia e Estatística (IBGE).

O atual panorama internacional da exclusão digital foi objeto de recente estudo da International Telecommunication Union[4] que classificou os países conforme o Digital Access Index (DAI), que varia entre 0 e 1, e leva em conta a

---

1 http://www2.fgv.br/ibre/cps/mapa_exclusao/Inicio.htm
2 http://www.ethos.org.br/
3 http://www.cdi.org.br/
4 http://www.itu.int/

infra-estrutura instalada, o uso da Internet, o poder aquisitivo e o nível educacional do usuário. O Brasil com DAI de 0,50 foi classificado em 65º lugar. Outro dado importante que revela a presente situação brasileira é o estudo sobre o número de *hosts* existentes em determinado país. A Network Wizards,[5] em pesquisa de 2002, coloca o Brasil em 10º lugar, com aproximadamente dois milhões de *hosts* em operação.

Programas governamentais, empresariais e de organizações não-governamentais têm, cada vez mais, buscado minorar a extensão da exclusão digital e seus efeitos. No entanto, a exclusão digital não é um fenômeno restrito aos domicílios, às escolas ou à administração governamental. Suas conseqüências atingem de forma particularmente contundente o avanço tecnológico e científico de um país e, em particular, influenciam a capacidade das nações em desenvolvimento de terem acesso aos modernos avanços, como o advento da tecnologia Grid.

Na última reunião do World Summit on the Information Society (WSIS), organizada em Genebra pelas Nações Unidas, foi adotada uma Declaração de Princípios[6] para nortear uma sociedade da informação voltada ao bem-estar de todos. No documento é reconhecida a gravidade da exclusão digital e a necessidade fundamental de as nações compartilharem os avanços científicos e tecnológicos. É ressaltado o papel central desempenhado pela conectividade e infra-estrutura de rede para possibilitar acesso ubíquo e eqüitativo à tecnologia de comunicação e informação. O ponto é essencial para a implantação de forma realmente global da tecnologia Grid.

Infelizmente, não há grande espaço para o otimismo quando pensamos em solução rápida para a desigualdade digital. Não podemos esquecer do denominado "Efeito

---

5 http://www.nw.com/
6 http://www.itu.int/wsis/

Mateus", conceito introduzido pelo sociólogo da ciência Robert K. Merton, em 1968. O fenômeno identifica nas ciências uma evidência de distribuição tendenciosa de fundos, recursos, prêmios, citações etc., em analogia com a Parábola dos Talentos ("Dar-se-á ao que tem e terá em abundância. Mas ao que não tem tirar-se-á mesmo aquilo que julga ter" – Mateus 25,29). Se esse conceito de vantagens cumulativas se aplicar igualmente ao mundo digital, poderemos ver o fosso entre os "incluídos" e "excluídos" alargar-se cada vez mais até que algum mecanismo de compensação venha a refrear a tendência. Esperemos que as colaborações internacionais envolvidas no desenvolvimento do Grid possam desempenhar papel compensatório, contribuindo para estreitar a distância entre os dois pólos, ajudando a construir uma sociedade da informação mais justa e democrática.

Glossário

Relacionamos a seguir alguns termos freqüentemente utilizados no mundo da Internet e do Grid[1] que poderão auxiliar na leitura deste livro.

ADSL – Sigla de Asymmetric Digital Subscriber Line, é um método de transmissão de dados pela linha telefônica a velocidades de até 1,5 Mbps para download e 128 kbps para upload.

Arpa – Advanced Research Projects Agency ou Agência de Pesquisa de Projetos Avançados ligada aos militares americanos, responsável por projetos tecnológicos altamente secretos durante a Guerra Fria e pela implantação da ArpaNet.

ASCII – Sigla de American Standard Code for Information Interchange, é um código de 7 bits que representa as letras do alfabeto romano, número e outros caracteres usados em computação.

ATM – Asynchronous Transfer Mode é um modo ultra-rápido de transmissão de dados no qual a informação é organizada em grupos de 53 bytes que são transmitidos digitalmente.

Backbone – Literalmente espinha dorsal, é a série de conexões a alta velocidade que forma a interligação principal de uma rede.

Bandwidth – Ou largura da banda, é a quantidade máxima de dados que pode ser transmitida em determinada conexão por unidade de tempo. Para canais digitais ela é medida em bits por segundo (bps).

BBS – Sigla de Bulletin Board System, sistema que permite a leitura e divulgação pública de mensagens.

Bit – A menor unidade de dado ou informação. Significa *Binary digit* e assume apenas os valores 0 ou 1.

Blog – Um blog (ou *web log*) é um tipo de página da Web que serve como um diário publicamente acessível.

Bps – Sigla *Bits per second* é a unidade de medida de velocidade de transmissão de uma conexão digital.

---

1 http://www.lib.berkeley.edu/TeachingLib/Guides/Internet/Glossary.html
http://www.learnthenet.com/english/glossary/tcpip.htm
http://www.gridpp.ac.uk/docs/GAS.html

Browsers – São programas que permitem visualizar documentos da Web. Eles convertem arquivos codificados em HTML em textos, imagens, sons etc. Internet Explorer, Netscape, Mosaic e Macweb são alguns exemplos de browsers.

Byte – Conjunto de 8 bits. Um kilobyte (KB) representa 1024 (2^{10}) bytes e um megabyte (MB) representa 1024 kilobytes.

Cache – É onde são armazenadas temporariamente as páginas da Web que já foram acessadas por um computador. Os browsers verificam primeiro se determinada página já está no cache antes de buscá-la no servidor.

CERN – Maior laboratório europeu de pesquisa em Física das Partículas Elementares, ou Física de Altas Energias, localizado em Genebra, Suíça (originalmente Centre European pour la Rechearche Nucleaire).

CGI – Sigla de Common Gateway Interface, é o modo mais comum de os programas da Web interagirem dinamicamente com os usuários.

Chat – Literalmente "conversa", refere-se a uma forma de as pessoas se comunicarem em tempo real usando o teclado. Também conhecido como "bate-papo".

Cliente – Programa que utiliza os serviços de outro programa e é usado para contactar, obter dados ou solicitar serviço de um servidor.

Cluster – Conjunto de computadores agrupados em um dado local e que operam em conjunto.

Cookie – É uma mensagem que um servidor de Web envia e é armazenada pelo browser. Quando o computador volta a consultar o mesmo servidor, o cookie é enviado para o servidor, permitindo que ele responda de acordo com o conteúdo previamente armazenado no cookie.

Criptografia – Processo utilizado para tornar segura a comunicação transferida pela rede. Ela embaralha matematicamente (criptografa) a informação de tal modo que a torne ilegível por qualquer pessoa que não possua a chave que permite fazer o desembaralhamento (descriptografar).

Cyberspace – Termo introduzido pelo autor de ficção científica William Gibson para descrever o conjunto de recursos de informação disponível pelo uso de redes computacionais.

Download – Método para acessar e salvar arquivos de um computador remoto em um computador local por meio da rede.

Domínio – Indica a localização lógica de um computador. Alguns domínios comuns são .edu (educação), .gov (agência do governo), .net (rede), .com (comercial), .org (organizações sem fins lucrativos e de pesquisas). Também indica a localização geográfica ao incluir uma sigla para os países. Por exemplo: .au (Austrália), .br (Brasil), .fr (França), .jp (Japão), .uk (Reino Unido).

Fermilab – Fermi National Accelerator Laboratory, é o laboratório nacional americano que possui o maior acelerador de partículas em operação na atualidade (Tevatron), localizado próximo de Chicago, Estados Unidos.

Flop – Sigla de *Floating-point operations per second*. É uma medida da velocidade de um computador para executar operações envolvendo números com vírgula (ponto flutuante).

Frames – Formato de documentos da Web que divide uma tela em vários segmentos, cada um deles com sua própria barra de rolagem.

FTP – Sigla de File Transfer Protocol, tem a função de transferir arquivos de um computador para outro.

GASS – Global Access to Secondary Storage, é a ferramenta do *Globus Toolkit* que permite o acesso remoto a dados por meio de interfaces seqüenciais e paralelas.

Gateway – Computador que faz a ligação entre duas redes.

GGF – Global Grid Forum, órgão formado por membros do meio acadêmico e da indústria responsável pelo estabelecimento de um padrão para a computação em Grid.

Globus Toolkit – Conjunto de ferramentas que permite que os usuários criem suas próprias aplicações para o Grid.

GRAM – Globus Resource Allocation Manager, ferramenta do *Globus Toolkit* que administra a alocação dos recursos computacionais.

GridFTP – Ferramenta do Globus Toolkit responsável pela transferência de arquivos.

GSI – *Grid Security Infrastructure*, é a ferramenta do Globus Toolkit responsável pela autenticação e segurança do Grid.

Hardware – Componentes físicos que compõem um computador e seus periféricos (*e.g.*, circuitos integrados, discos, memórias etc.).

Host – Computador ligado na rede.

HTML – Sigla de Hypertext Markup Language. É a linguagem com a qual são escritos os hipertextos. Os browsers interpretam o HTML para exibir o conteúdo dos hipertextos na tela.

Hipertexto – Documento multimídia contendo texto, som, imagens e links para outros hipertextos ou aplicativos.

Imap – Internet Message Access Protocol, é um dos métodos de extrair os e-mails de um servidor que permite a visualização do cabeçalho, *download* e manipulação das mensagens armazenadas no servidor.

IP – Sigla de Internet Protocol. É o número que identifica determinada máquina na Internet, formado por quatro números entre 0 e 255 separados por ponto.

ISDN – Sigla de Integrated Services Digital Network. São conexões que utilizam a linha telefônica para transmitir dados digitais a alta velocidade.

ISP – Sigla de Internet Service Provider. É a companhia que comercializa as conexões à Internet.

Java – Linguagem de programação voltada para a Internet criada pela Sun Microsystems. Usando-se programas em Java chamados Applets podem-se incluir, por exemplo, animações nas páginas da Web.

Kbps – Kilobits por segundo. Ver Bps.

LAN – Sigla de Local Area Network ou rede local de computadores.

Listserver – Mecanismo que permite grupos de discussão via e-mail.

Mbone – Multicast Backbone, é um serviço de transmissão de áudio e vídeo em tempo real por meio da Internet.

Middleware – Camada de software situada entre o sistema operacional e as aplicações.

MP3 – Moving Picture Experts Group (MPEG) Audio Layer 3, é um formato de compressão de áudio.

Multimídia – Refere-se ao uso simultâneo de diversos tipos de mídia, tais como texto, som, imagem etc.

Multicast – Mensagem transmitida por um *host* central para vários recipientes de uma dada rede.

Newsgroup – Um grupo de discussão que utiliza a Internet ao contrário do Listserver, que utiliza o e-mail.

NSFnet – Sigla de National Science Foundation Network.

Plug-In – Aplicativo acoplado a um browser que permite que ele interaja com determinado tipo do arquivo tal como filme, som etc.

POP – Post Office Protocol, é um dos métodos de extrair os e-mails de um servidor (ver Imap).

Protocolo – Padrão ou conjunto de regras que os computadores usam para garantir que possam trabalhar em conjunto.

Router – Equipamento utilizado para conectar duas ou mais redes.

Servidor de Web – Computador que disponibiliza documentos na WWW.

Site ou Web Site – Localização de um grupo de páginas da Web relacionadas.

Software – Programas que instruem os componentes do hardware na execução de tarefas.

SMTP – Sigla para Simple Mail Transfer Protocol. É o protocolo utilizado para enviar um e-mail por meio da Internet.

TCP/IP – Sigla de Transmission Control Protocol/Internet Protocol.

Telnet – Serviço de internet que permite ao usuário de um computador se conectar a outro computador.

Testbed – Plataforma na qual ferramentas e produtos são testados em tempo real.

Upload – Refere-se à transferência de um arquivo do computador local para um computador remoto.

URL – Sigla de Uniform Resource Locator, designa o endereço de qualquer documento da Web. Ele contém o tipo de arquivo ou ação (http://, ftp:// ou telnet://), o nome do domínio (e.g. www.nome. dominio.com.br/), o caminho ou diretório no qual se localiza o arquivo (MeusDocumentos/Arquivos/) e o nome do arquivo (MeuArquivo.htm ou .html).

Usenet – Coleção de Newsgroups e suas regras de distribuição e manutenção.

VoIP – Voice over IP, é a tecnologia que permite transmitir chamadas telefônicas usuais por meio da Internet.

WAN – Sigla para Wide Area Network, refere-se à rede que conecta computadores a longa distância.

W3C – Consórcio da World Wide Web que padroniza os vários protocolos associados com a Web.

Webmaster – Pessoa encarregada de manter um Web site.

WWW – Sigla de World Wide Web ou, literalmente, Rede de Amplitude Mundial.

XML – Significa Extensible Markup Language. Adaptado do Standard General Markup Language (SGML) para a Web, é utilizado para transmitir dados formatados e acessar páginas que vêm de bancos de dados e outros aplicativos.

Sugestões de leituras

Projetos de Grid: sites comentados

Relacionamos a seguir alguns dos mais importantes projetos de Grid em andamento atualmente.[1] Os sites podem ajudar àqueles que quiserem aprofundar-se no assunto abordado neste livro.

AccessGrid (http://www.accessgrid.org/): conjunto de recursos para dar apoio à interação humana por intermédio do Grid. Inclui dispositivos multimídia, ambientes para apresentações e interfaces de visualização para serem utilizados em reuniões, seminários, aulas e treinamentos distribuídos.

APGRID (http://www.apgrid.org/): associação asiática voltada para o desenvolvimento de tecnologia Grid, aplicativos e recursos compartilhados.

AstroGrid (http://www.astrogrid.org/): iniciativa inglesa em astronomia que visa a contribuir para o Observatório Virtual Global.

AVO (http://www.euro-vo.org/): o Astrophysical Virtual Observatory tem a intenção de viabilizar o acesso aos bancos de dados astronômicos.

BioGrid (http://www.biogrid.jp/): projeto japonês que visa a construir uma rede de supercomputadores voltados para aplicação em Biologia e Ciências Médicas.

BIRN (http://www.nbirn.net/): o Biomedical Informatics Research *Network* está estabelecendo uma infra-estrutura distribuída para auxiliar na pesquisa biomédica.

Com-e-Chem (http://www.combechem.org): projeto inglês voltado à Química Combinatória, Cristalografia e Química de superfície.

Condor (http://www.cs.wisc.edu/condor/): esse projeto tem por objetivo desenvolver, implementar e avaliar mecanismos e políticas relativas a computação de alto desempenho distribuída.

---

1 http://www.mcs.anl.gov/~foster/grid-projects, http://www.gridstart.org, http://enterthegrid.com/

CrossGrid (http://www.crossgrid.org): tem por objetivo estender o ambiente Grid por toda a Europa.

Damien (http://www.hlrs.de/organization/pds/projects/damien/): o *Distributed Applications and Middleware for Industrial Use of European Networks* pretende desenvolver aplicativos para Grids.

DataTAG (http://datatag.web.cern.ch/): visa a criar um testbed intercontinental do Grid voltado para redes avançadas e interoperabilidade entre continentes.

Discovery Net (http://ex.doc.ic.ac.uk): projeto multidisciplinar que desenvolve aplicações para Biologia, Química Combinatória, Energia Renovável e Geologia.

DutchGrid (http://www.dutchgrid.nl/): é a plataforma para computação em Grid dos Países Baixos.

eScience (http://www.research-councils.ac.uk/escience): programa inglês que visa a promover projetos científicos entre colaborações globalmente distribuídas pelo uso da arquitetura Grid. O programa irá receber um investimento de aproximadamente US$ 380 milhões entre 2001 e 2006.

EcoGrid (http://www.buyya.com/ecogrid/): dedica-se ao desenvolvimento de sistema de gerenciamento de recursos econômicos ou de mercado para o Grid.

EGEE (http://egee-intranet.web.cern.ch/): o Enabling Grids for E-science in Europe é um projeto financiado pela União Européia que deverá integrar os esforços regionais e nacionais em uma infra-estrutura Grid visando a apoiar áreas de pesquisa desenvolvidas na Europa.

EGSO (http://www.mssl.ucl.ac.uk/grid/egso/): o European Grid of Solar Observations é um *testbed* para o Virtual Solar Observatory que terá catálogos de observações solares e ferramentas de visualização.

EuroGrid (http://www.eurogrid.org/): esse projeto, financiado pela Comissão Européia, é dedicado ao uso de Grids em comunidades científicas e industriais.

FusionGRID (http://www.fusiongrid.org/): cria uma estrutura computacional nos Estados Unidos para a pesquisa em fusão magnética.

GEON (http://www.geongrid.org/): Geosciences Cyberinfrastructure Network, busca estabelecer uma infra-estrutura computacional para estudos geológicos.

GEMSS (http://www.gemss.de/): o Grid-Enabled Medical Simulation Services provê acesso a vários recursos médicos para melhoria de diagnósticos e procedimentos cirúrgicos.

Global Grid Forum (http://www.gridforum.org/): fórum da comunidade acadêmica e industrial voltado para a padronização global dos esforços para implantação da arquitetura Grid.

Globus (http://www.globus.org/): o projeto Globus está desenvolvendo tecnologias fundamentais para a construção de Grids computacionais.

Grid Computing Information Centre (http://www.gridcomputing.com/): promove o desenvolvimento e o avanço de tecnologias de Grid.

GridLab (http://www.gridlab.org/): programa financiado pela Information Society Technologies (IST) dedicado ao desenvolvimento de ferramentas flexíveis e modulares para computação em Grid.

GridPP (http://www.gridpp.ac.uk/): colaboração inglesa de físicos de partículas (*Particle Physics*) e cientistas de computação que vêm construindo um Grid para o Large Hadron Collider do CERN.

Gridware (http://wwws.sun.com/software/gridware/): iniciativa da Sun Microsystems baseada em código aberto para prover arquitetura Grid a custos reduzidos.

GriPhyN (http://wwws.sun.com/software/gridware/): o *Grid Physics Network* é um projeto que vem desenvolvendo tecnologia Grid para projetos científicos. É formado por físicos e cientistas de computação dedicados à implantação de ambiente computacional para tratamento intensivo de dados.

GTRC (http://www.aist.go.jp/aist_e/research_units/research_center/grid/grid_main.html): o Grid Technology Research Center do National Institute of Advanced Industrial Science and Technology (AIST) é o principal centro japonês de pesquisa e desenvolvimento de tecnologia Grid e suas aplicações.

iVDGL (http://www.ivdgl.org/): o International Virtual Data Grid Laboratory é um Grid global ligado aos experimentos de Física de Altas Energias e Astronomia.

MyGrid (http://www.mygrid.org.uk): programa envolvendo diversas universidades inglesas e setor privado que desenvolve código aberto para aplicações em Bioinformática.

Nasa Information Power Grid (http://www.ipg.nasa.gov/): portal do Grid de alto desempenho da Nasa, cujos recursos são administrados e compartilhados por várias instituições. O programa envolve os centros de pesquisa da Nasa em Ames, Glenn, Langley e os programas Partnerships for Advanced Computational Infrastructure da NSF no SDSC e NCSA.

NEESgrid (http://www.neesgrid.org/): rede que integra vários sites de engenharia de terremoto através dos Estados Unidos.

NorduGrid (http://www.nordugrid.org/): Grid da Escandinávia.

NVO (http://www.us-vo.org/): o National Virtual Observatory pretende criar padrões para as coleções de dados astronômicos e explorar o uso de computação de alto desempenho.

Openlab (http://proj-openlab-datagrid-public.web.cern.ch/): colaboração entre o CERN e parceiros industriais para desenvolvimento de tecnologia Grid.

OpenMolGRID (http://www.openmolgrid.org/): o Open Computing GRID for Molecular Science and Engineering é um projeto europeu voltado ao desenho molecular.

OSG (http://www.opensciencegrid.org/): o Open Science Grid é um consórcio de laboratórios e universidades que visa a estabelecer uma infra-estrutura de Grid para apoiar a ciência nos Estados Unidos a partir dos Grids já existentes.

PPDG (http://www.ppdg.net/): o Particle Physics Data Grid visa a suprir as necessidades dos experimentos em Física de Altas Energias.

RealityGrid (http://www.realitygrid.org/): tem o objetivo de realizar a modelagem e simulação de estruturas complexas da matéria condensada em meso e nano-escala.

SciDAC (http://www.osti.gov/scidac/): o Scientific Discovery through Advanced Computing do Departamento de Energia (DOE) americano visa a criar uma infra-estrutura de software que possibilite a utilização das tecnologias de computação avançada e programas de pesquisas científicas.

Science Grid (http://doesciencegrid.org/): também ligado ao Departamento de Energia americano, o Grid da Ciência visa a fornecer a infra-estrutura de computação distribuída e as ferramentas necessárias para a execução de missões científicas do DOE.

Teragrid (http://www.teragrid.org/): visa a construir uma infra-estrutura voltada para pesquisa científica. Incluirá vinte teraflops de poder computacional distribuído em cinco sites interconectados a 40 Gbps.

UK e-Science (http://www.rcuk.ac.uk/escience/): iniciativa do Reino Unido para desenvolvimento da e-Ciência visando a aplicativos que exigem acesso a grandes bases de dados e recursos computacionais.

Unicore Plus (http://www.fz-juelich.de/unicoreplus/): visa a desenvolver infra-estrutura e portal de Grid para engenheiros e cientistas acessarem centros de supercomputadores via Internet.

Questões para reflexão e debate

I) O advento da Internet causou uma revolução na sociedade como um todo, com importantes reflexos em nossa vida cotidiana. Procure enumerar as principais mudanças geradas na sua vida pelo uso da Internet. Caso você tenha nascido já na era da internet, peça ajuda àqueles que viveram as transformações dos anos 1980 e 1990.

II) Levando em conta a possibilidade de que o Grid venha a se tornar de uso corrente, procure identificar que áreas da sociedade sofreriam as maiores mudanças. Que uso poderia ser feito do processamento e armazenamento de dados em grande escala, distribuído mundialmente, e de que forma isto poderia mudar sua vida cotidiana?

CONHEÇA OUTROS LANÇAMENTOS
DA COLEÇÃO PARADIDÁTICOS UNESP

SÉRIE NOVAS TECNOLOGIAS
Da Internet ao Grid: a globalização do processamento
Sérgio F. Novaes e Eduardo de M. Gregores
Energia nuclear: com fissões e com fusões
Diógenes Galetti e Celso L. Lima
O laser e suas aplicações em ciência e tecnologia
Vanderlei Salvador Bagnato
Novas janelas para o universo
Maria Cristina Batoni Abdalla e Thyrso Villela Neto

SÉRIE PODER
O poder das nações no tempo da globalização
Demétrio Magnoli
A nova des-ordem mundial
Rogério Haesbaert e Carlos Walter Porto-Gonçalves
Diversidade étnica, conflitos regionais e direitos humanos
Tullo Vigevani e Marcelo Fernandes de Oliveira
Movimentos sociais urbanos
Regina Bega dos Santos
A luta pela terra: experiência e memória
Maria Aparecida de Moraes Silva
Potência, limites e seduções do poder
Marco Aurélio Nogueira

SÉRIE CULTURA
Cultura letrada: literatura e leitura
Márcia Abreu
A persistência dos deuses: religião, cultura e natureza
Eduardo Rodrigues da Cruz
Indústria cultural
Marco Antônio Guerra e Paula de Vicenzo Fidelis Belfort Mattos
Culturas juvenis: múltiplos olhares
Afrânio Mendes Catani e Renato de Sousa Porto Gilioli

SÉRIE LINGUAGENS E REPRESENTAÇÕES
O verbal e o não verbal
Vera Teixeira de Aguiar
Imprensa escrita e telejornal
Juvenal Zanchetta Júnior

SÉRIE EDUCAÇÃO
Políticas públicas em educação
João Cardoso Palma Filho, Maria Leila Alves e Marília Claret
  Geraes Duran
Educação e tecnologias
Vani Moreira Kenski
Educação e letramento
Maria do Rosário Longo Mortatti
Educação ambiental
João Luiz Pegoraro e Marcos Sorrentino
Avaliação
Denice Barbara Catani e Rita de Cassia Gallego

SÉRIE EVOLUÇÃO
Evolução: o sentido da biologia
Diogo Meyer e Charbel Niño El-Hani
*Sementes: da seleção natural às modificações genéticas
  por intervenção humana*
Denise Maria Trombert de Oliveira
O relacionamento entre as espécies e a evolução orgânica
Walter A. Boeger
*Bioquímica do corpo humano: para compreender a linguagem
  molecular da saúde e da doença*
Fernando Fortes de Valencia
Biodiversidade tropical
Márcio R. C. Martins e Paulo Takeo Sano
Avanços da biologia celular e molecular
André Luís Laforga Vanzela

SÉRIE SOCIEDADE, ESPAÇO E TEMPO
Os trabalhadores na História do Brasil
Ida Lewkowicz, Horacio Gutiérrez e Manolo Florentino
Imprensa e cidade
Ana Luiza Martins e Tania Regina de Luca
Redes e cidades
Eliseu Savério Sposito
Planejamento urbano e ativismos sociais
Marcelo Lopes de Souza e Glauco Bruce Rodrigues

SOBRE O LIVRO

Formato: 12 x 21 cm
Mancha: 20,5 x 38,5 paicas
Tipologia: Fairfield LH 11/14
Papel: Offset 75 g/m² (miolo)
Cartão Supremo 250 g/m² (capa)
1ª edição: 2007

EQUIPE DE REALIZAÇÃO

Edição de Texto
Adriana Bairrada (Preparação de Original)
Rinaldo Milesi (Revisão)

Editoração Eletrônica
Edmílson Gonçalves (Diagramação)

Esta obra foi impressa na indústria gráfica da
EDITORA AVE-MARIA
Rua Comendador Orlando Grande,
86 – 06835-300 Embu, SP – Brasil
Tel.: (11) 4785-0085 • Fax: (11) 4704-2836